普通高等教育公共基础课系列教材·计算机类

大学计算机基础实训教程

何黎霞　刘波涛　主　编

王桃群　李新玉　副主编

科学出版社

北　京

内 容 简 介

本书是《大学计算机基础》（何黎霞、刘波涛主编，科学出版社出版）的配套实训指导教材，是对教学内容的必要补充。

本书以实际案例的形式介绍了 Windows 10 操作系统的基本操作、Office 2016 办公基础与应用（包括 Word 文字处理、Excel 电子表格和 PowerPoint 演示文稿）、计算机网络和 Access 数据库应用等。本书内容丰富、操作针对性强。书后的附录中，精选了部分全国计算机等级考试二级 MS Office 公共基础模拟训练题和上机操作模拟训练题，内容上涵盖了文字处理、电子表格和演示文稿，题型上既有客观选择题，又有主观实践操作题，具有一定的深度与广度。

本书适合作为普通高等学校非计算机专业学生的实验指导教材，也可作为计算机初学者的自学参考书。

图书在版编目（CIP）数据

大学计算机基础实训教程/何黎霞，刘波涛主编. —北京：科学出版社，2020.7

（普通高等教育公共基础课系列教材・计算机类）

ISBN 978-7-03-065255-3

Ⅰ.①大… Ⅱ.①何… ②刘… Ⅲ.①电子计算机-高等学校-教材 Ⅳ.①TP3

中国版本图书馆 CIP 数据核字（2020）第 088906 号

责任编辑：戴薇 吴超莉 / 责任校对：王万红

责任印制：吕春珉 / 封面设计：东方人华平面设计部

科学出版社 出版

北京东黄城根北街 16 号

邮政编码：100717

http://www.sciencep.com

三河市骏杰印刷有限公司印刷

科学出版社发行 各地新华书店经销

*

2020 年 7 月第 一 版 开本：787×1092 1/16

2020 年 7 月第一次印刷 印张：8

字数：189 000

定价：24.00 元

（如有印装质量问题，我社负责调换〈骏杰〉）

销售部电话 010-62136230 编辑部电话 010-62135319-2030

前　言

随着计算机信息技术的发展和普及，计算机技术已经应用到社会的各个领域。不仅计算机专业人员需要学习计算机技术，非计算机专业人员也需要学习计算机技术，且后者更迫切于学习计算机的相关知识，以便将计算机技术更好地应用在日常的学习、研究和工作中。

本书是《大学计算机基础》（何黎霞、刘波涛主编，科学出版社出版）的配套实训指导教材。书中的案例由浅入深、注重应用、步骤清晰，并提供了所需素材，其目的是加强对学生上机操作能力的培养。

全书共分为 4 章。其中，第 1 章为 Windows 10 操作系统的基本操作，第 2 章为 Office 2016 办公基础与应用，第 3 章为计算机网络，第 4 章为 Access 数据库应用。本书附录部分针对全国计算机等级考试的要求，增加了二级 MS Office 公共基础模拟训练题和上机操作模拟训练题，并给出了相应的参考答案和操作提示。

本书由何黎霞和刘波涛担任主编，王桃群和李新玉担任副主编。具体编写分工如下：第 1 章由刘波涛和李新玉编写，第 2 章和附录由何黎霞编写，第 3 章由刘波涛和王桃群编写，第 4 章由王桃群编写。全书由何黎霞负责统稿。

由于编者水平有限，书中难免有疏漏和不妥之处，敬请广大读者不吝赐教。

目　录

第 1 章　Windows 10 操作系统的基本操作

1.1　Windows 10 操作系统操作方式的练习

实训目的

1）掌握鼠标的基本操作。
2）掌握键盘的基本操作。
3）掌握鼠标和键盘的组合操作。

实训内容

键盘和鼠标是计算机中必不可少的输入设备。通过键盘，可以将文字、数字、标点符号等输入计算机中，从而实现向计算机发出指令和输入数据等操作。随着 Windows 等图形界面操作系统的流行，鼠标变成了必需品，并且有些软件必须安装鼠标才能运行。所以熟练地使用鼠标和键盘，能使操作计算机变得得心应手，大大提高工作效率。

完成以下鼠标和键盘的操作。

1）鼠标的基本操作。
2）键盘的基本操作。
3）鼠标和键盘的组合操作。

1. 鼠标的基本操作

鼠标的操作有指向、单击、右击、拖动、双击、滚动等，通过这些基本操作可以更好地控制计算机。

（1）鼠标的指向操作

移动鼠标指针到桌面“此电脑”图标上，并停留一段时间，此时会出现提示信息，如图 1-1 所示。

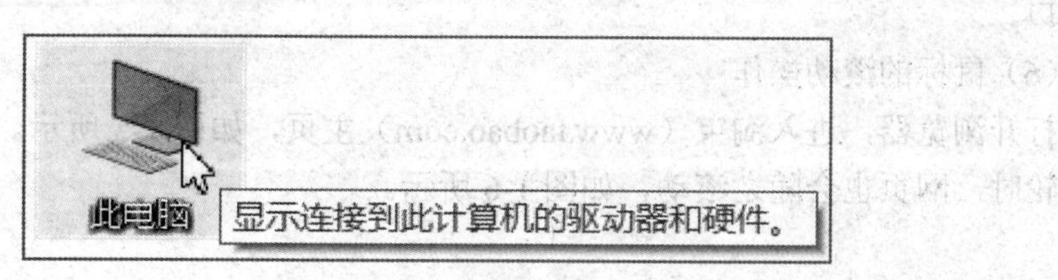

图 1-1　指向操作结果

（2）鼠标的单击操作

移动鼠标指针到桌面“此电脑”图标上，单击，图标周围会出现有底色的虚框，如图 1-2 所示。

（3）鼠标的右击操作

移动鼠标指针到桌面“此电脑”图标上，右击，会弹出快捷菜单，如图 1-3 所示。

图 1-2　单击操作结果

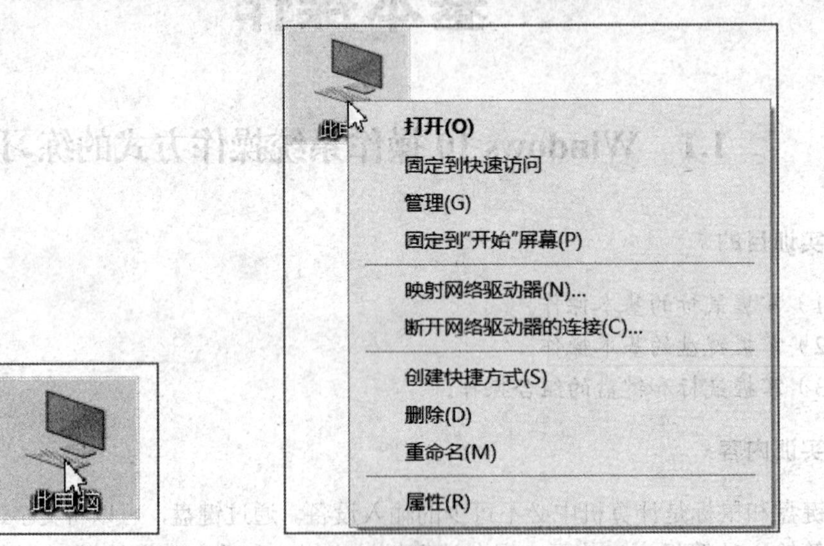

图 1-3　右击操作结果

（4）鼠标的拖动操作

移动鼠标指针到桌面“此电脑”图标上，按下鼠标左键并保持按下状态，然后移动鼠标，此时图标会呈半透明状，如图 1-4 所示。

图 1-4　拖动操作结果

（5）鼠标的双击操作

移动鼠标指针到桌面“此电脑”图标上，快速地按下鼠标左键两次，即可打开相应的窗口。

（6）鼠标的滚动操作

打开浏览器，进入淘宝（www.taobao.com）主页，如图 1-5 所示。当用户滚动鼠标的滚轮时，网页也会随之滚动，如图 1-6 所示。

图 1-5　滚动操作前

图 1-6　滚动操作后

2. 键盘的基本操作

键盘既可以用于输入文字，也可以利用其快捷键来操作计算机。下面通过复制文件来熟悉键盘的操作。

（1）创建文本文件

1）双击打开“此电脑”，双击左侧窗格中的驱动器“D 盘”。

2）在右侧窗格的空白区域中右击，在弹出的快捷菜单中选择“新建”|“文件夹”选项，可新建文件夹，将其命名为“长”，如图 1-7 所示。

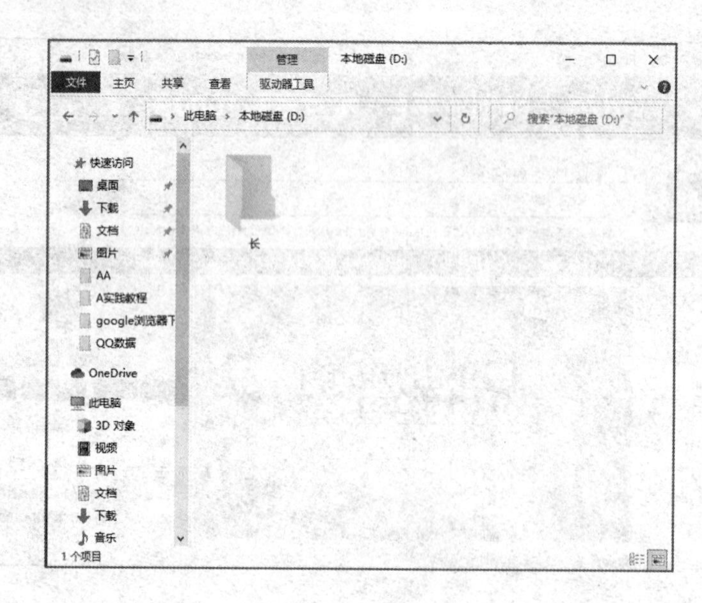

图 1-7　在“D 盘”创建文件夹“长”

3）双击打开“长”文件夹，在空白区域右击，在弹出的快捷菜单中选择“新建”|“文本文档”选项，输入“aa”并按 Enter 键，即可在“长”文件夹中新建一个名为“aa.txt”的文件，如图 1-8 所示。

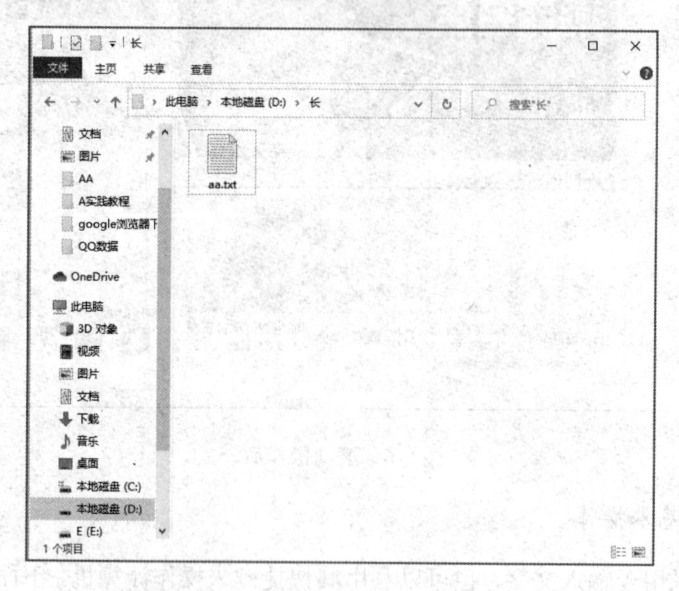

图 1-8　创建“aa.txt”文件

（2）复制文件

1）单击“aa.txt”，按住键盘上的 Ctrl 键的同时，按下 C 键，然后松开 C 键和 Ctrl 键，这样就完成了文件的复制。

2）在同一文件夹中，按住键盘上的 Ctrl 键的同时，按下 V 键，然后松开 V 键和

Ctrl 键，完成文件的粘贴，如图 1-9 所示的“aa-副本.txt”文件。

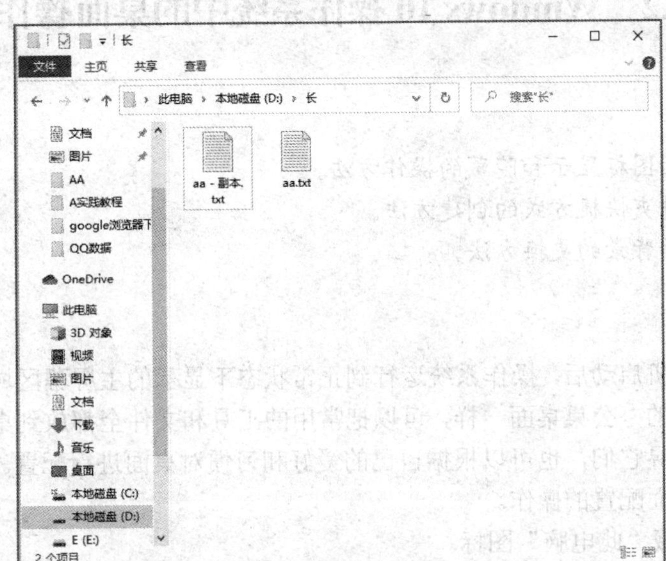

图 1-9　利用快捷键复制文件

3. 鼠标和键盘的组合操作

使用鼠标和键盘组合可实现复制、移动文件和创建快捷键等操作。下面以复制文件为例进行操作。

按住 Ctrl 键的同时并拖动上述练习创建的“aa.txt”文件至空白处，松开鼠标左键和 Ctrl 键，此时“长”文件夹中会多出一个如图 1-10 所示的“aa-副本（2）.txt”文件。

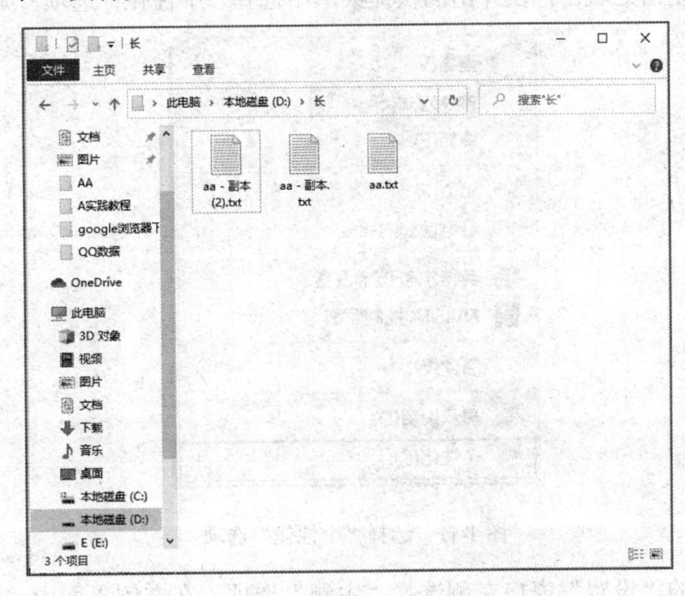

图 1-10　鼠标和键盘组合操作复制文件

1.2 Windows 10 操作系统中的桌面操作

实训目的

1）掌握桌面图标显示和隐藏的操作方法。
2）掌握文件夹快捷方式的创建方法。
3）了解桌面背景的更换方法。

实训内容

桌面是计算机启动后，操作系统运行到正常状态下显示的主屏幕区域。计算机屏幕布置得就像实际的办公桌桌面一样，可以把常用的工具和文件全都放到桌面上，不必每次开机后再去搜寻它们，也可以根据自己的爱好和习惯对桌面进行配置。

完成以下桌面配置的操作。

1）显示/隐藏“此电脑”图标。
2）创建文件夹快捷方式。
3）更换计算机桌面背景。

1. 显示/隐藏“此电脑”图标

在计算机上重新安装 Windows 10 操作系统后，桌面上没有显示“此电脑”、“控制面板”和“回收站”等图标，默认状态下系统隐藏了这些图标，可以通过设置来显示这些图标。

1）在桌面空白处右击，在弹出的快捷菜单中选择“个性化”选项，如图 1-11 所示。

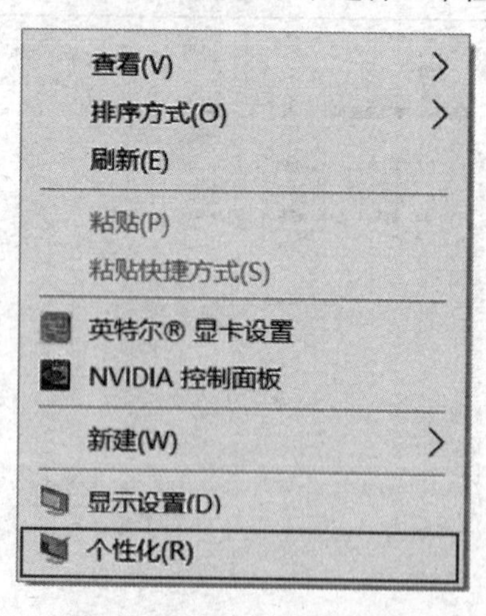

图 1-11 选择“个性化”选项

2）在打开的“设置”窗口左侧选择“主题”选项，在右侧界面中，选择“相关的设置”|“桌面图标设置”选项，如图 1-12 所示，弹出“桌面图标设置”对话框。

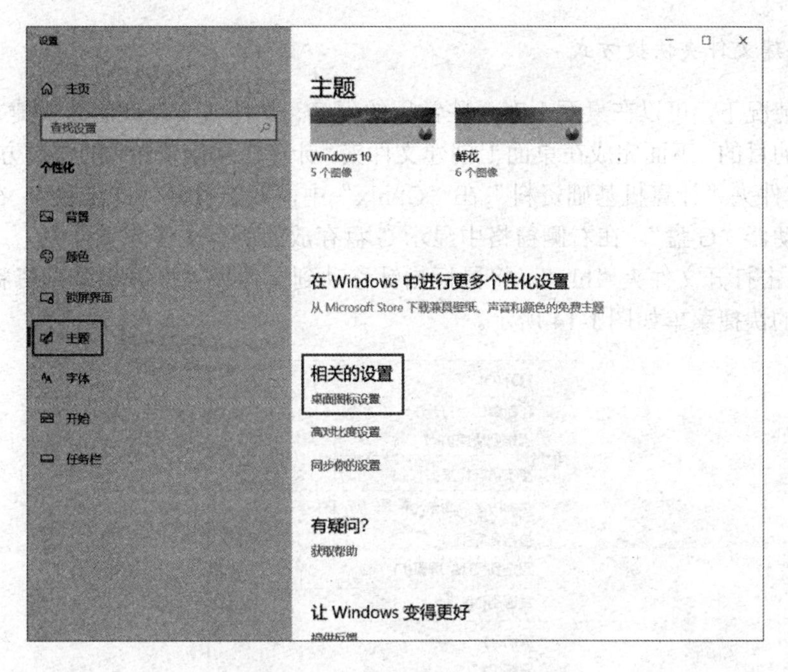

图 1-12　桌面图标设置

3）选中“计算机”复选框，如图 1-13 所示，单击“确定”按钮，即可在桌面显示“此电脑”图标；若取消选中此复选框，则在桌面隐藏“此电脑”图标。桌面上其他图标的显示、隐藏操作类似，这里不再赘述。

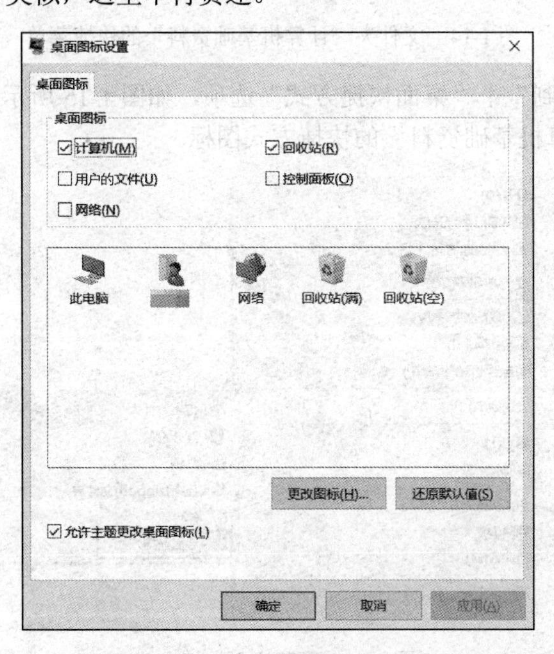

图 1-13　“桌面图标设置”对话框

2. 创建文件夹快捷方式

一般情况下，可以在桌面上对一些常用的程序、文件或文件夹创建快捷方式，达到快速启动的目的。下面完成在桌面上创建文件夹“计算机基础资料”的快捷方式的操作。

1）文件夹“计算机基础资料”在“G:\hlx”中，双击打开“此电脑”，在左侧窗格中双击驱动器“G 盘”，在右侧窗格中显示 G 盘存放的所有文件或文件夹。

2）双击打开文件夹“hlx”，将鼠标指针移动到文件夹“计算机基础资料”上并右击，弹出的快捷菜单如图 1-14 所示。

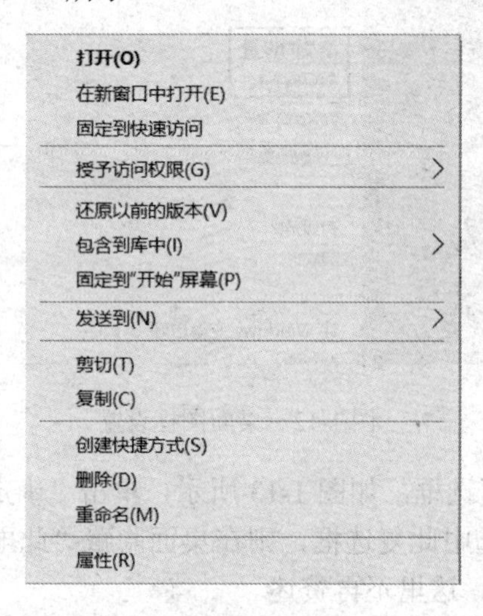

图 1-14 文件夹“计算机基础资料”的快捷菜单

3）选择“发送到”｜“桌面快捷方式”选项，如图 1-15 所示。此时桌面上会出现一个文件名为“计算机基础资料”的快捷方式图标。

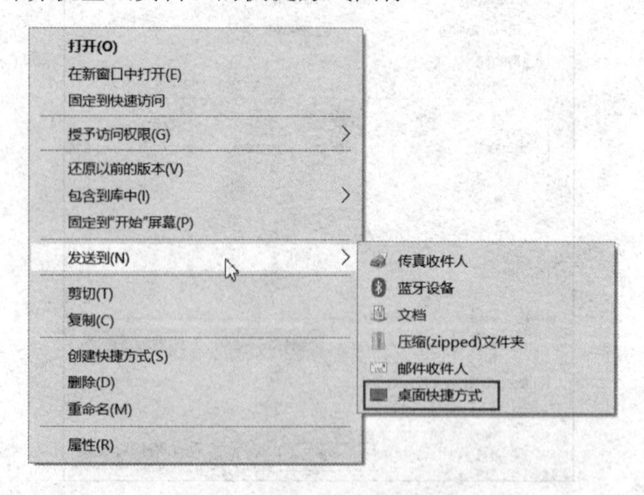

图 1-15 新建桌面快捷方式

3. 更换计算机桌面背景

用户可以根据个人习惯或心情设置桌面上的背景图片。

1）准备一张用作桌面背景的图片。

2）在桌面空白处右击，在弹出的快捷菜单中选择“个性化”选项。

3）在打开的“设置”窗口中，单击如图 1-16 所示的“浏览”按钮。

图 1-16　设置桌面背景图片

4）在弹出的“打开”对话框中，找到图片所在位置，选择目标图片“背景.jpg”，如图 1-17 所示。

图 1-17　选择背景图片

5）单击“选择图片”按钮，即可将计算机的桌面背景替换为所选图片。

1.3 资源管理器的基本操作

实训目的

1）掌握文件扩展名的显示和隐藏的操作方法。
2）掌握文件统计信息的查看方法。
3）掌握文件的复制、剪切和删除方法。
4）掌握文件及文件夹的查看方法。
5）掌握利用剪贴板抓图的操作方法。

实训内容

文件资源管理器是 Windows 操作系统提供的资源管理工具，用户可以用它查看本计算机的所有资源，特别是其提供的树形文件系统结构，能更清楚、更直观地认识计算机的文件和文件夹。在资源管理器中，还可以对文件进行各种操作，如选取、打开、复制、移动和删除等操作。

在资源管理器中，完成以下相关操作。
1）显示/隐藏文件扩展名。
2）查看文件统计信息。
3）复制、剪切和删除文件或文件夹。
4）利用剪贴板抓图。
5）使用放大镜。
6）磁盘碎片整理。

1. 显示/隐藏文件扩展名

扩展名是操作系统用来标记文件类型的一种机制。根据个人习惯，可以将文件的扩展名进行显示或隐藏。

1）打开“资源管理器”，选择“查看”选项卡。

2）在“显示/隐藏”选项组中，选中“文件扩展名”复选框，如图 1-18 所示，表示显示文件扩展名，取消选中该复选框表示隐藏文件扩展名。

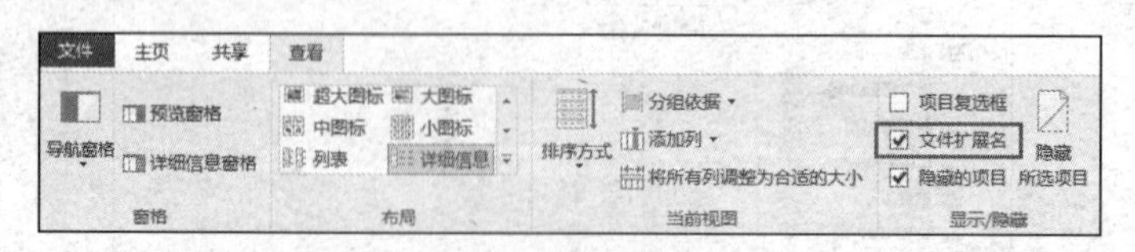

图 1-18 显示或隐藏文件扩展名

2. 查看文件统计信息

有时需要查看文件夹中的文件个数，这时可以通过状态栏中的统计信息获取。

1）在图 1-19 中，窗口左下角显示文件夹“office 案例”中的文件个数是 10 个。

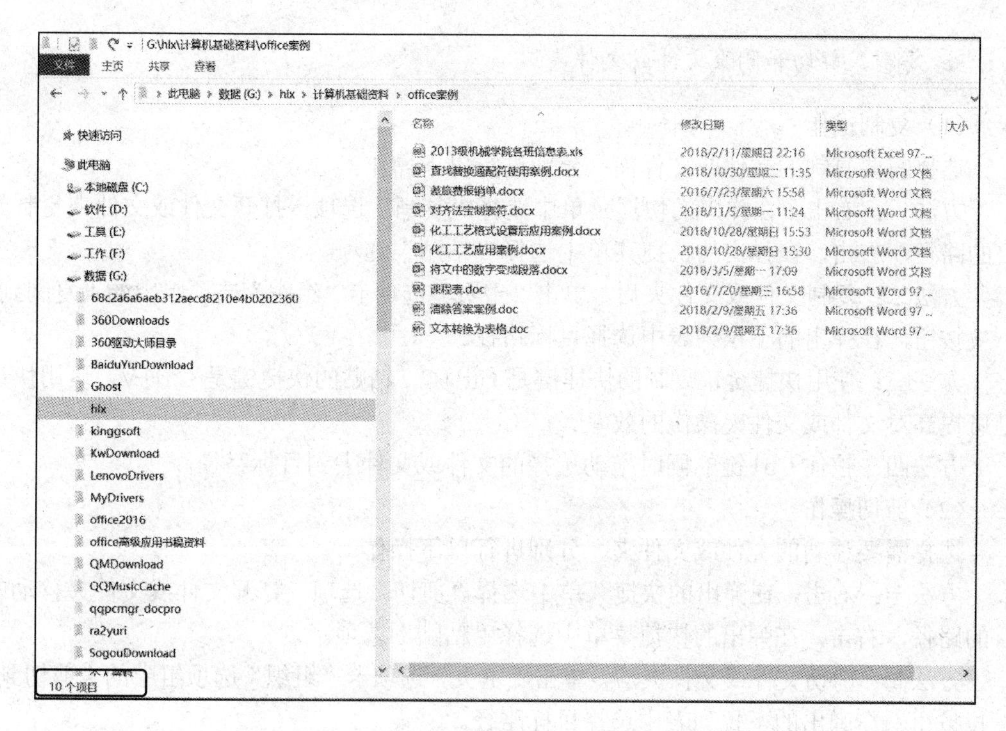

图 1-19　查看文件总个数

2）选择其中的部分文件后，显示文件统计信息，如图 1-20 所示。

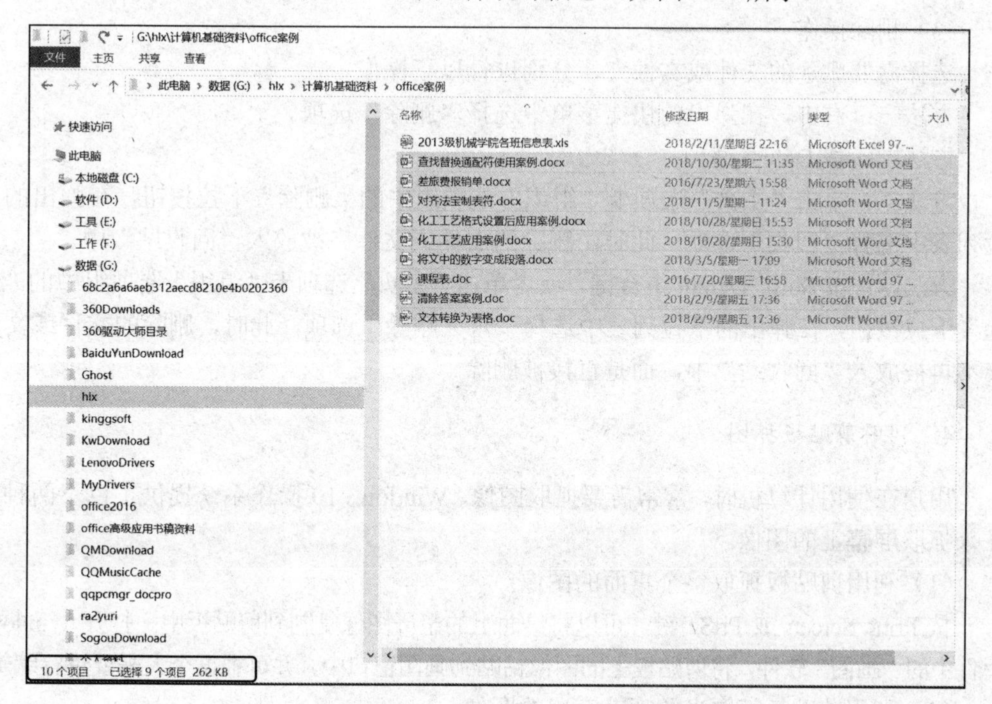

图 1-20　选择部分文件后的统计信息

3. 复制、剪切和删除文件或文件夹

（1）复制操作

选择需要复制的文件或文件夹，分别进行以下操作。

方法一：右击，在弹出的快捷菜单中选择“复制”选项，打开文件或文件夹复制的目的路径，右击，在弹出的快捷菜单中选择“粘贴”选项。

方法二：复制文件或文件夹后，单击“主页”选项卡“组织”选项组中的“复制到”下拉按钮，在弹出的下拉列表中选择目标路径。

方法三：使用快捷键，复制的快捷键是Ctrl+C，粘贴的快捷键是Ctrl+V，运用快捷键可提高对文件或文件夹操作的效率。

方法四：按住Ctrl键的同时拖动选择的文件或文件夹到目标路径。

（2）剪切操作

选择需要移动的文件或文件夹，分别进行以下操作。

方法一：右击，在弹出的快捷菜单中选择“剪切”选项，打开文件或文件夹移动的目的路径，右击，在弹出的快捷菜单中选择“粘贴”选项。

方法二：剪切文件或文件夹后，单击“主页”选项卡“组织”选项组中的“剪切到”下拉按钮，在弹出的下拉列表中选择目标路径。

方法三：使用快捷键，剪切的快捷键是Ctrl+X，粘贴的快捷键是Ctrl+V。

方法四：按住Shift键的同时拖动选择的文件或文件夹到目标路径。

（3）删除操作

选择需要删除的文件或文件夹，分别进行以下操作。

方法一：右击，在弹出的快捷菜单中选择“删除”选项。

方法二：按Delete键。

方法三：单击“主页”选项卡“组织”选项组中的“删除”下拉按钮，在弹出的下拉列表中选择“回收”选项，此时，删除的文件或文件夹被放入“回收站”中。

方法四：按Shift+Delete组合键，或者单击“主页”选项卡“组织”选项组中的“删除”下拉按钮，在弹出的下拉列表中选择“永久删除”选项，此时，删除的文件或文件夹不再被放入“回收站”中，而是直接被删除。

4. 利用剪贴板抓图

用户在使用计算机时，常常需要抓取图像，Windows 10操作系统提供了以下两种方法来抓取屏幕上的图像。

（1）利用剪贴板抓取整个桌面的图像

按Print Screen或PrtSc键，可以将桌面上的整屏图像复制到剪贴板中。打开Windows附件中的“画图”软件，将剪贴板上的图像粘贴到画图窗口中，并可根据个人需要进行编辑。

（2）利用剪贴板抓取当前活动窗口的图像

按Alt+ Print Screen组合键或Alt+ PrtSc组合键，可以将当前活动的窗口复制到剪贴板中。打开文字处理软件 Word，新建一个 Word 文档，将剪贴板中的图像粘贴到窗口中，可对其进行调整大小、设置环绕方式等操作。

5. 使用放大镜

用户在使用计算机时，有时会遇到看不清楚屏幕上文字的情况，此时，可以借助 Windows 自带的放大镜功能来清晰地查看内容。

1）单击“开始”按钮，选择“开始”菜单中的“Windows 轻松使用文件”｜“放大镜”选项，或者按 Win +“+”组合键打开放大镜。

2）按 Win +“+”组合键放大图像。

3）按 Win +“-”组合键缩小图像。

4）按 Win+Esc 组合键退出放大镜。

6. 磁盘碎片整理

硬盘在使用一段时间后，由于反复写入和删除文件，磁盘中的空闲扇区会分散到整个磁盘中不连续的物理位置上，因此文件不能存储在连续的扇区中，这样便产生了磁盘碎片。磁盘碎片多了，计算机读取文件的速度就会变得很慢。

磁盘碎片整理程序可以重新安排文件的存储位置，将文件尽可能地存放于连续的存储空间中，从而减少碎片，提高机器的运行速度。

1）选中驱动器，如 C 盘，选择“驱动器工具”选项卡，在“管理”选项组中单击“优化”按钮，弹出“优化驱动器”对话框。

2）在“状态”列表框中选择需要优化的驱动器，单击“优化”按钮，开始对驱动器进行磁盘碎片情况分析，并进行碎片整理。

1.4　任务管理器

实训目的

1）掌握任务管理器的启动方法。

2）熟悉查看性能的方法。

3）掌握结束任务的方法。

实训内容

任务管理器是指可以用于监视计算机上进程和程序的活动，以及查看计算机的全局状态的系统监视器软件。

任务管理器可以显示正在运行和已终止运行的后台服务及进程，可以终止进程和程序，也可以改变进程的优先级。在信息完整的情况下，其可显示服务的相关信息（如进程 ID 和组）。熟练地使用任务管理器可以使计算机更加稳定地运行。

完成以下任务管理器操作。

1）启动任务管理器。

2）查看性能。

3）终止进程/结束任务。

1. 启动任务管理器

一般地，启动任务管理器的方法有以下 4 种。

方法一：按 Ctrl+Shift+Esc 组合键。

方法二：按 Ctrl+Alt+Delete 组合键，弹出如图 1-21 所示的界面，选择“任务管理器”选项。

方法三：在任务栏的空白处右击，弹出的快捷菜单如图 1-22 所示，选择“任务管理器”选项。

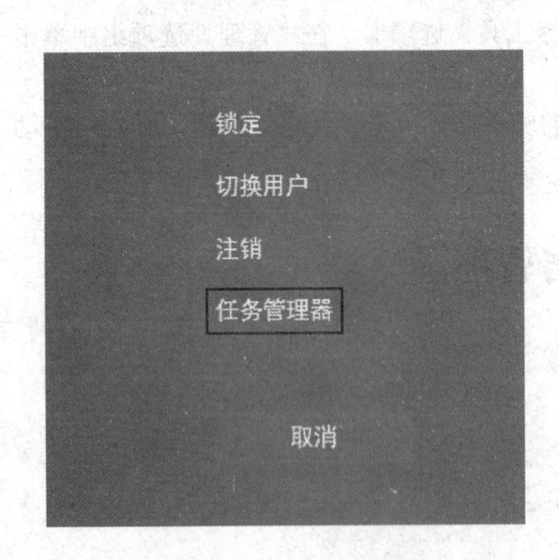

图 1-21　用户管理界面

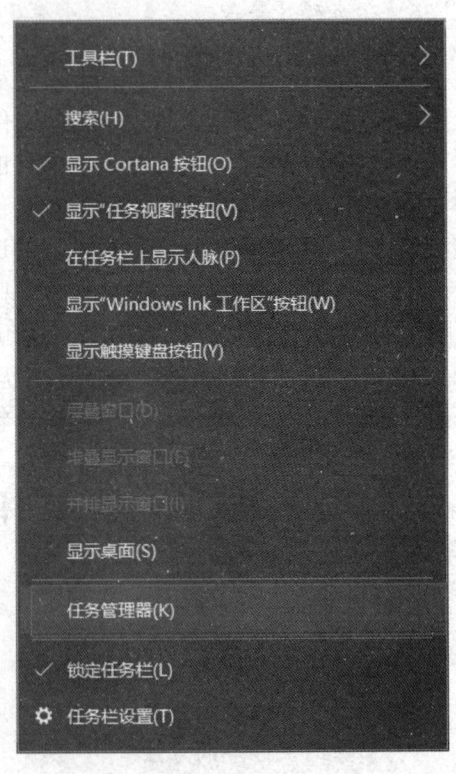

图 1-22　右击任务栏弹出的快捷菜单

方法四：按 Win+R 组合键，弹出“运行”对话框，在“打开”文本框中输入“taskmgr”，如图 1-23 所示，单击“确定”按钮或按 Enter 键。

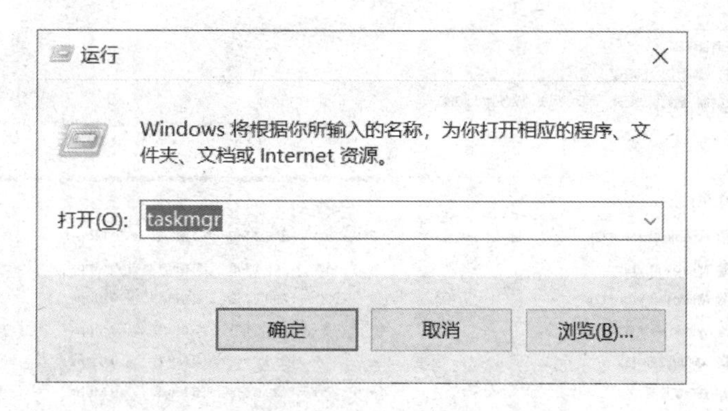

图 1-23　“运行”对话框

2. 查看性能

在任务管理器中，可以查看 CPU、内存、磁盘等的工作情况。

1）打开“任务管理器”窗口。

2）选择“性能”选项卡，如图 1-24 所示，即可查看当前计算机的整体资源使用情况。

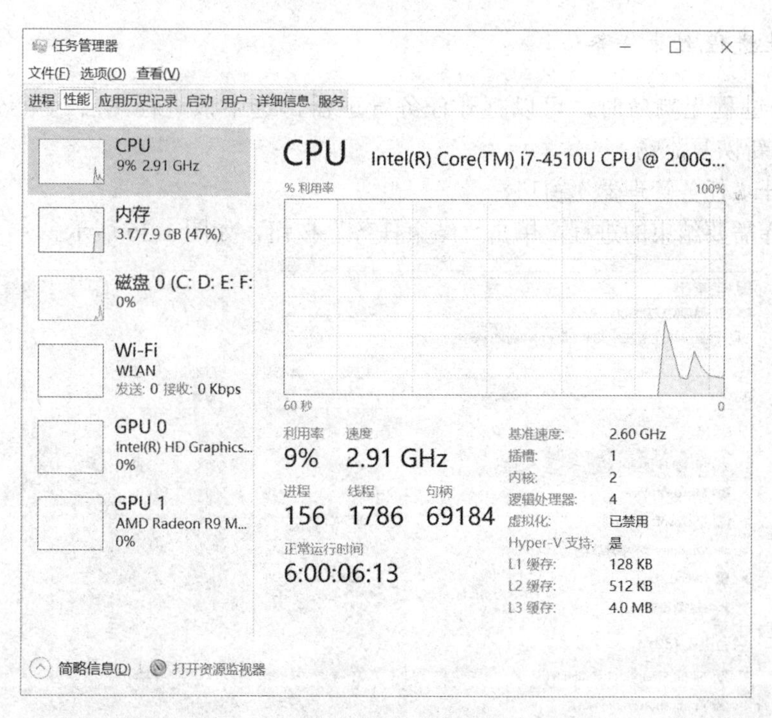

图 1-24　“性能”选项卡

3）选择“进程”选项卡，如图 1-25 所示，单击“CPU”即可对进程消耗 CPU 资源的情况进行降序或升序排列。

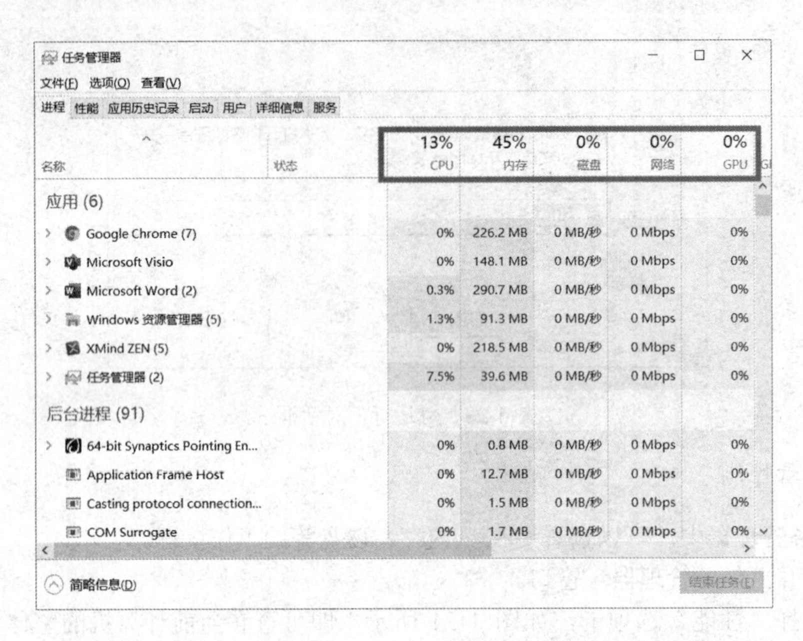

图 1-25 “进程”选项卡

3. 终止进程/结束任务

当某个进程无响应时，可以打开任务管理器，选中该进程然后结束该进程，使 Windows 重新恢复流畅。

1）打开“任务管理器”窗口。

2）选择需要结束的进程，单击“结束任务”按钮，如图 1-26 所示。

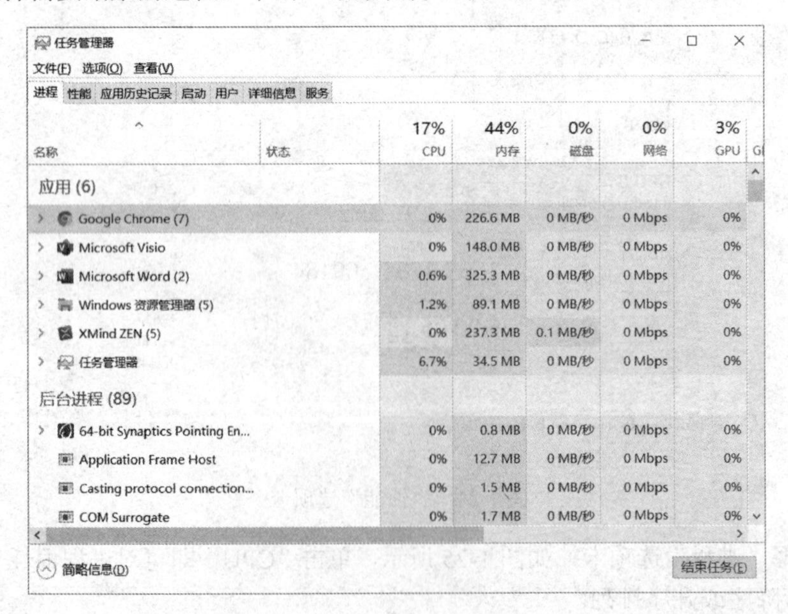

图 1-26 结束任务

1.5　控 制 面 板

实训目的

1）掌握控制面板的启动方法。
2）掌握控制面板视图模式的切换方法。
3）了解鼠标指针样式的设置。
4）掌握程序的删除/卸载方法。
5）掌握用户账户的设置方法。

实训内容

控制面板是 Microsoft Windows 上的一个组件，用户可通过该组件查看和更改系统设置。该组件由一系列小应用程序组成，包括添加或删除硬件和软件、控制用户账户、更改辅助功能选项、访问网络设置等。熟练地使用控制面板可更好地管理计算机的配置。

完成以下控制面板相关操作。

1）启动控制面板。
2）切换视图模式。
3）设置鼠标指针样式。
4）删除/卸载程序。
5）设置用户账户。

1. 启动控制面板

一般地，启动控制面板的方法有以下 3 种。

方法一：右击“此电脑”，在弹出的快捷菜单中选择“属性”选项，在打开的“系统”窗口中选择“控制面板主页”选项，如图 1-27 所示。

图 1-27　“系统”窗口

方法二：在任务栏中的“搜索”文本框中输入“控制面板”，如图 1-28 所示，然后按 Enter 键。在搜索结果中选择“最佳匹配”下的“控制面板”选项。

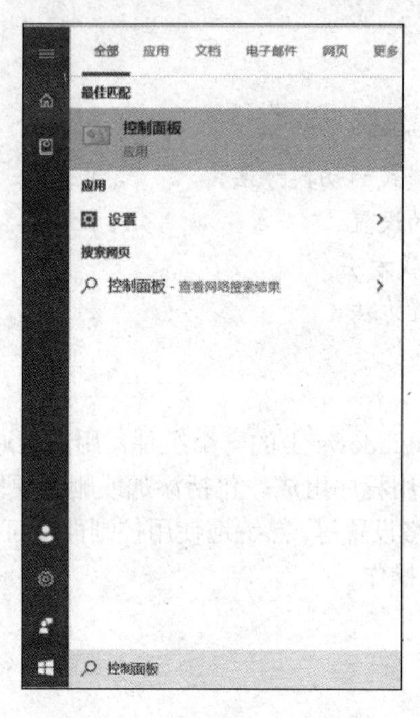

图 1-28 选择“控制面板”选项

方法三：单击“开始”按钮，选择“开始”菜单中的“Windows 系统”|“控制面板”选项，如图 1-29 所示。

图 1-29 “开始”菜单

2. 切换视图模式

控制面板有两种视图模式：一种是类别模式，按照功能将相同的模块划分到一起；另一种是图标模式，将功能以大图标或小图标的形式展现。切换不同的模式可以快速地找到相关的功能设置。切换视图模式的具体操作如下。

1）打开控制面板。

2）单击“查看方式”后面的“类别”下拉按钮，会弹出如图 1-30 所示的下拉列表。

图 1-30　“类别”下拉列表

3）切换查看方式，选择“大图标”或“小图标”选项即可切换查看方式，然后观察控制面板中图标的变化。

3. 设置鼠标指针样式

Windows 10 操作系统支持用户定制鼠标的样式，以便更加符合用户的使用习惯和审美要求。

1）准备好替换的指针样式。

2）打开控制面板，将视图模式修改为“大图标”，单击如图 1-31 所示的“鼠标”图标。

3）在弹出的“鼠标 属性”对话框中选择“指针”选项卡，对“正常选择”指针进行设置，单击“浏览”按钮，如图 1-32 所示。

图 1-31 控制面板“大图标”模式

图 1-32 设置指针样式

4）在弹出的“浏览”对话框中，选择准备好的指针样式文件（鼠标指针样式文件为.cur 类型，可上网下载），如图 1-33 所示，单击“打开”按钮。

图 1-33　选择指针样式

5）单击“确定”按钮，指针即变为选中的样式。

4. 删除/卸载程序

在使用计算机的过程中，可能会因为一些原因需要删除某个应用程序。删除某个应用程序不是指将其图标移至回收站，也不是将安装文件直接删除，因为安装应用程序的过程中会在注册表中写入相关信息，也有可能在不同的磁盘位置写入了一些相关信息。因此，删除应用程序应该通过控制面板或专业软件来“卸载”。通过控制面板卸载应用程序的具体方法如下。

1）打开控制面板，将视图模式修改为“类别”。

2）单击“卸载程序”链接，如图 1-34 所示。

图 1-34　控制面板“类别”模式

3）找到要卸载的程序，双击启动卸载程序。

4）根据提示卸载程序。

5. 设置用户账户

为了保证计算机系统的安全，可以通过设置用户的账户和密码，来防止非法用户登录到计算机。

1）打开控制面板，将视图模式修改为“大图标”，单击“用户账户”图标，如图 1-35 所示。

图 1-35 单击“用户账户”图标

2）在打开的“用户账户”窗口中单击“管理其他账户”链接，如图 1-36 所示。

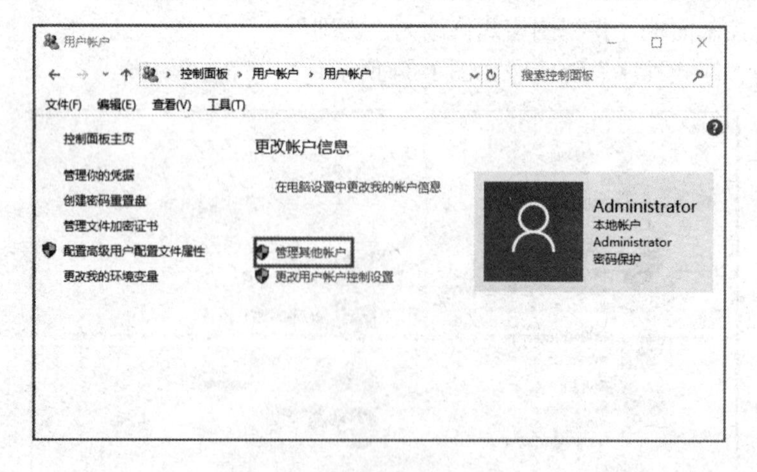

图 1-36 “用户账户”窗口

3）双击需要修改密码的用户（如 Administrator 用户），如图 1-37 所示。

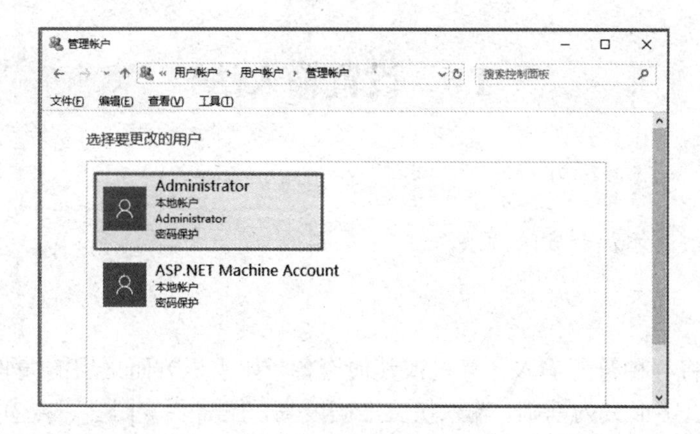

图 1-37 选择要更改密码的用户

4）在打开的“更改账户”窗口中单击“更改密码”链接，如图 1-38 所示。

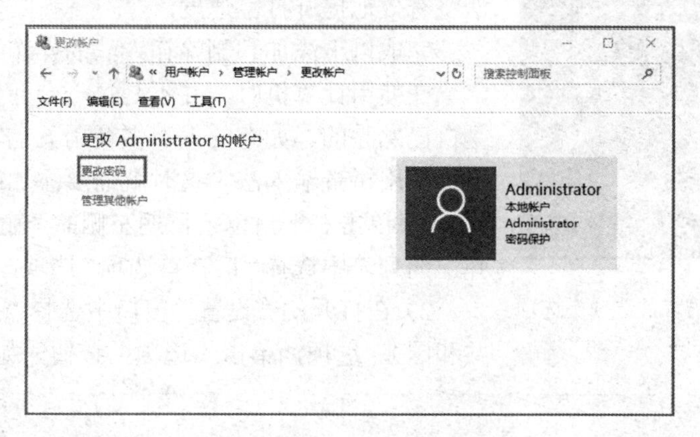

图 1-38 “更改账户”窗口

5）在打开的“更改密码”窗口中，根据提示更改密码后，单击“更改密码”按钮即可，如图 1-39 所示。

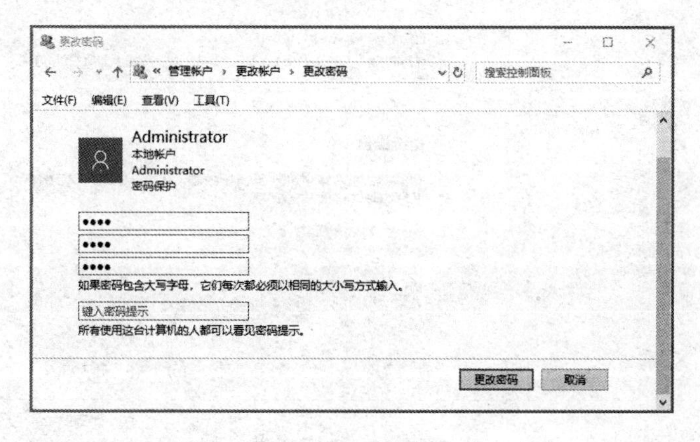

图 1-39 “更改密码”窗口

1.6 设置输入法

实训目的

掌握输入法的添加和删除方法。

实训内容

输入法是将各种符号输入计算机或其他设备（如手机）而采用的编码方法，其基本分为两类：①以字形义为基础，输入快且准确度高，但需要专门学习；②以字音为基础，准确度不高（有内置词典，对流行语、惯用语影响不大），但目前键盘均印有拼音字母，故输入常用字词时无须专门学习。设置适合自己的输入法将有效地提升打字速度。

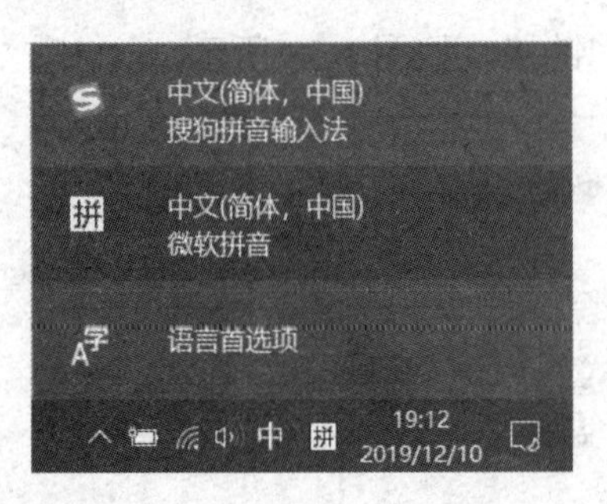

图 1-40 选择“语言首选项”选项

完成以下添加和删除输入法的操作。

在使用计算机时，并不是每一台计算机的输入法都是自己熟悉的，如有的人习惯使用五笔输入法，有的人习惯使用拼音输入法，这时就需要添加或删除输入法。

1）单击右下角位于日期左侧的“输入法”按钮，在弹出的列表中选择“语言首选项”选项，如图 1-40 所示。

2）在打开的“设置”窗口中选择“中文（中华人民共和国）”选项，单击“选项”按钮，如图 1-41 所示。

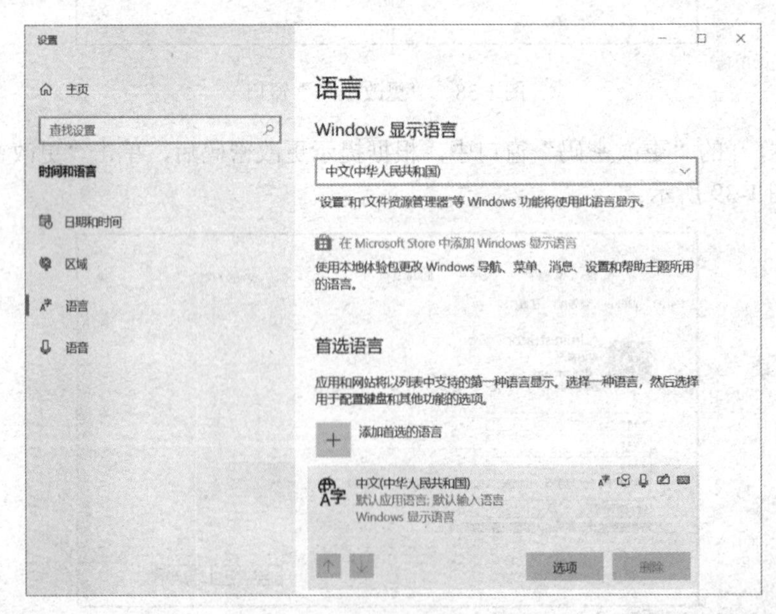

图 1-41 选择语言

3）在打开的窗口中单击“添加键盘”下拉按钮，在弹出的下拉列表中选择“微软五笔”选项，如图 1-42 所示。至此就完成了输入法的添加。下面步骤为输入法的删除。

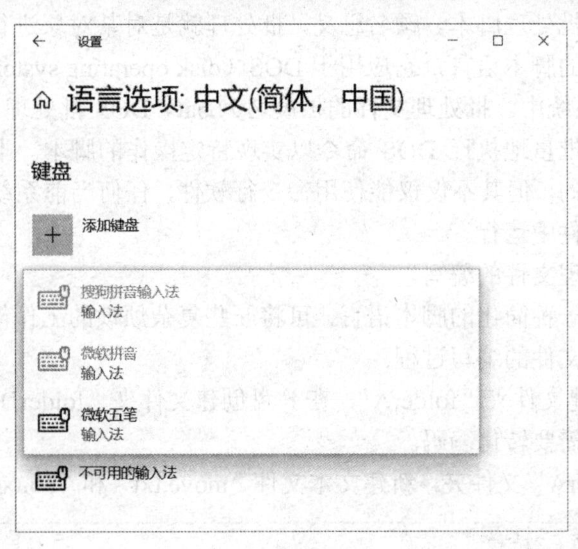

图 1-42　添加输入法

4）单击“微软五笔”选项，单击“删除”按钮，即可将输入法删除，如图 1-43 所示。

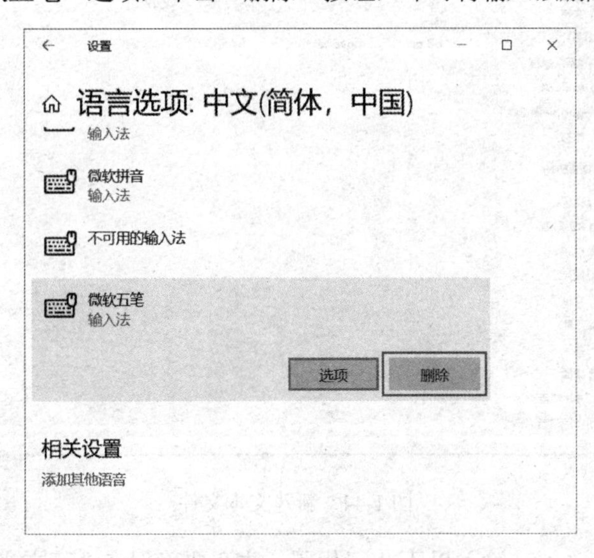

图 1-43　删除输入法

1.7　Windows 命令行终端

实训目的

掌握批处理文件的编写方法。

实训内容

批处理也称为批处理脚本。顾名思义，批处理就是对某对象进行批量的处理，通常被认为是一种简化的脚本语言，它应用于 DOS（disk operating system，磁盘操作系统）和 Windows 操作系统中。批处理文件的扩展名为.bat。DOS 批处理则是基于 DOS 命令的，用来自动地、批量地执行 DOS 命令以实现特定操作的脚本。批处理程序虽然是在命令行环境中运行的，但其不仅仅能使用命令行软件，任何当前系统下可运行的程序都可以放在批处理文件中运行。

完成以下批处理文件的编写。

批处理文件是一种简化的脚本语言，可将一些复杂烦琐的工作简化。下面以移动文件为例讲解批处理文件的编写过程。

1）在 D 盘创建文件夹“folderA”，在 F 盘创建文件夹“folderD”。请注意：中文路径存在编码问题，需要转化编码。

2）打开“folderA”文件夹，新建文本文件“move.txt”和“bb.txt”，如图 1-44 所示。

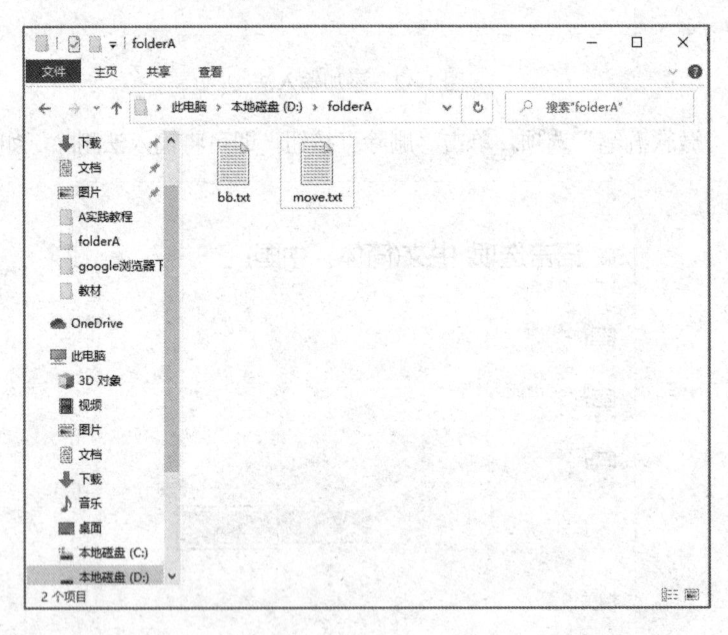

图 1-44 新建文本文件

3）打开“move.txt”，输入以下 4 行代码（注意要确保在“英文半角”状态下输入）：

```
@echo off
start F:\"DD"
choice /t 2 /d y /n >nul
move bb.txt f:\DD\
```

4）保存并关闭文件，将“move.txt”重命名为“move.bat”，如图 1-45 所示。

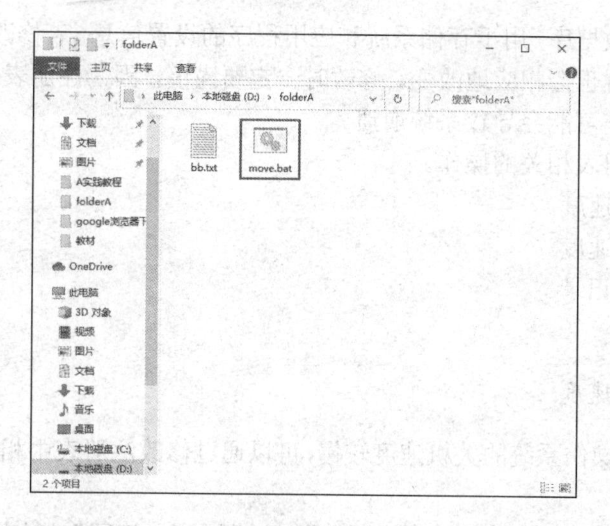

图 1-45　重命名文件

5）双击运行“move.bat”，注意观察“bb.txt”的位置。执行完成后“bb.txt”的位置如图 1-46 所示。

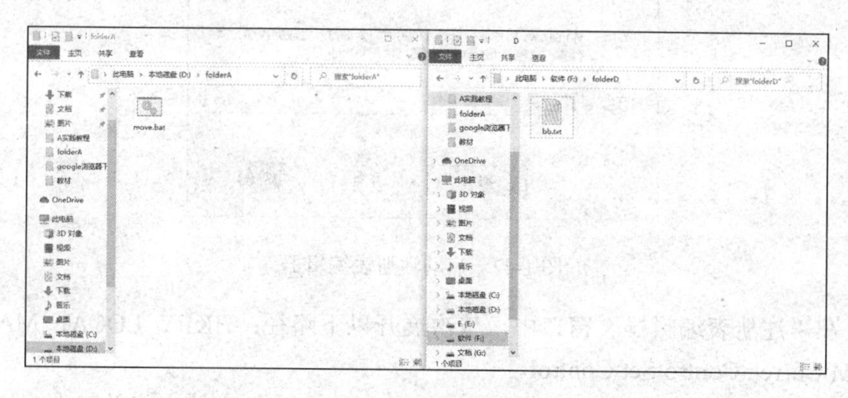

图 1-46　“bb.txt”移动示意图

1.8　计算机优化小技巧

实训目的

1）掌握通过注册表提高关机速度的方法。
2）掌握通过注册表提高宽带速度的方法。
3）掌握通过注册表删除搜索记录的方法。
4）掌握通过注册表禁用 U 盘的方法。

实训内容

注册表（registry，繁体中文版 Windows 操作系统称之为登录档）是 Microsoft Windows

中的一个重要的数据库，用于存储系统和应用程序的设置信息。若修改注册表中的数据，则计算机中的配置也会相应地改变。修改时一定要谨慎，因为注册表中的很多数据非常重要，错误的操作可能会导致系统崩溃。

完成以下注册表相关的操作。

1）提高关机速度。

2）提高上网速度。

3）删除搜索记录。

4）禁用 U 盘。

1. 提高关机速度

Windows 10 操作系统的关机速度较慢，可以通过修改注册表中相关的值来提高关机速度。

1）按 Win+R 组合键，在弹出的“运行”对话框中的“打开”文本框中输入“regedit”，单击“确定”按钮或按 Enter 键，如图 1-47 所示，打开“注册表编辑器”窗口。

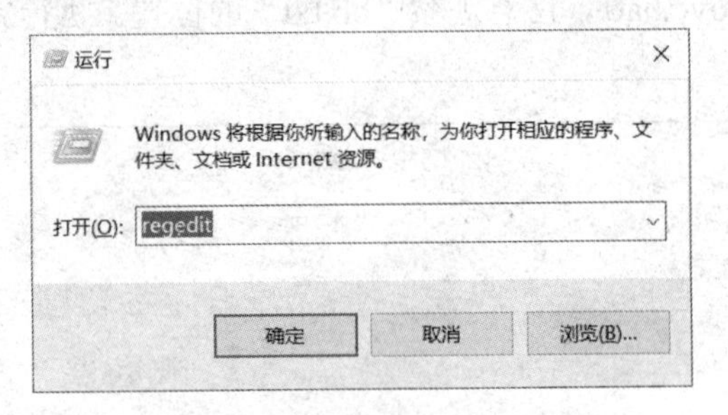

图 1-47 启动注册表编辑器

2）在“注册表编辑器”窗口中，依次展开以下路径：HKEY_LOCAL_MACHINE\SYSTEM\CurrentControlSet\Control。

3）在右侧窗口中，找到“WaitToKillServiceTimeOut”字符串值并双击，如图 1-48 所示。

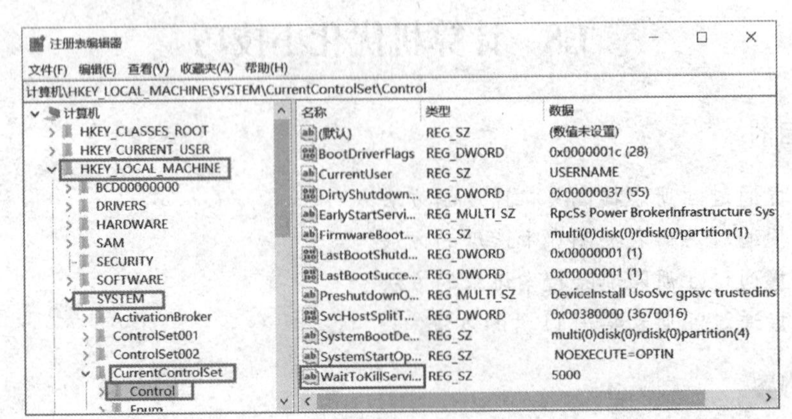

图 1-48 “WaitToKillServiceTimeOut”的路径

4）在弹出的“编辑字符串”对话框中，将“数值数据”设置为 3000（代表 3s），如图 1-49 所示，单击“确定”按钮。退出注册表，关机时便可查看效果。

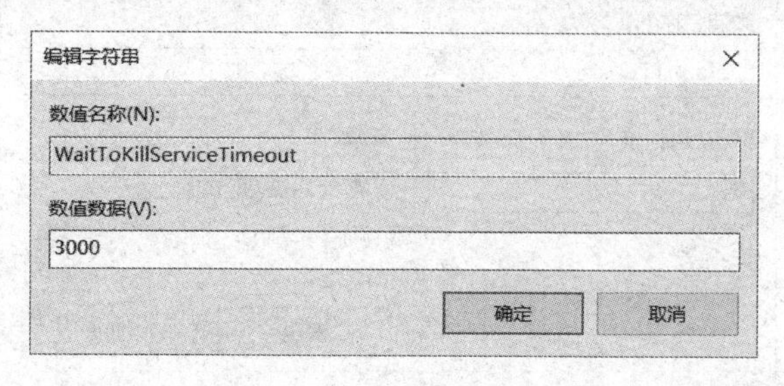

图 1-49　修改关机时间

2. 提高上网速度

当使用宽带上网的用户越来越多时，用户实际上网的网速往往达不到 ISP（Internet service provider，因特网服务提供者）的网速，此时修改注册表，就可以适当提高上网速度。其操作方法如下（请注意：如果网速正常，则效果可能不明显）。

1）打开“注册表编辑器”窗口。

2）在“注册表编辑器”窗口中，依次展开以下路径：HKEY_LOCAL_MACHINE\SYSTEM\CurrentControlSet\Services\Tcpip\Parameters，如图 1-50 所示。

图 1-50　“DefaultTTL”的路径

3）在“注册表编辑器”窗口的右侧界面中，双击“DefaultTTL”（部分系统自带，没有的就需要自建。步骤如下：右击空白处，在弹出的快捷菜单中选择“新建”|“DWORD（32 位）值”选项，并将其命名为“DefaultTTL”），在弹出的“编辑 DWORD（32 位）值”对话框中将“数值数据”修改为 80（十六进制），如图 1-51 所示，单击“确定”按钮。

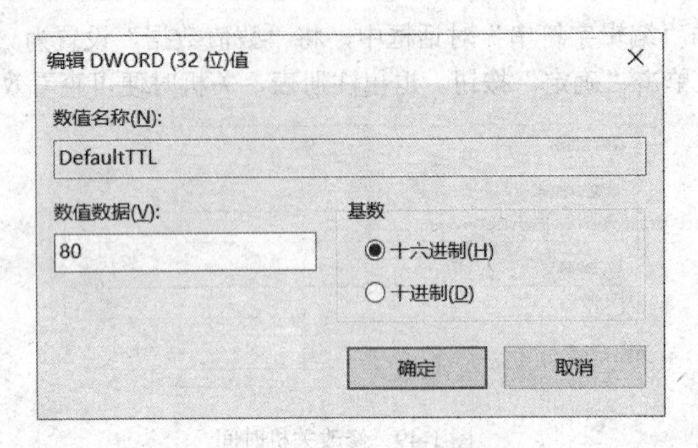

图 1-51 修改 DefaultTTL 值

4）在“注册表编辑器”窗口的右侧界面中，双击“Tcp1323Opts”，在弹出的“编辑 DWORD（32 位）值”对话框中将“数值数据”修改为 1，如图 1-52 所示，单击“确定”按钮。

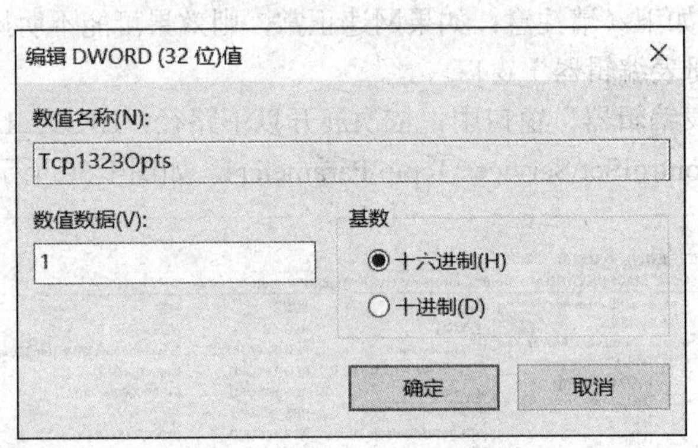

图 1-52 修改 Tcp1323Opts 值

5）在“注册表编辑器”窗口的右侧界面中，双击“EnablePMTUBHDetect”，在弹出的“编辑 DWORD（32 位）值”对话框中将“数值数据”修改为 0，如图 1-53 所示，单击“确定”按钮。

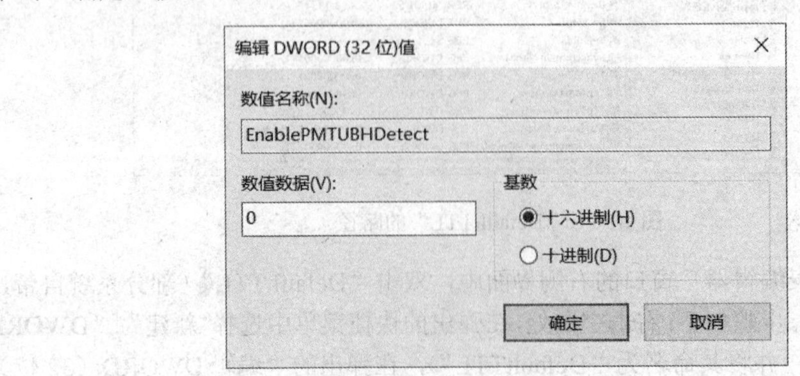

图 1-53 修改 EnablePMTUBHDetect 值

3. 删除搜索记录

注册表中一般会存放用户之前的搜索记录，为了防止记录泄露用户的个人隐私，可删除注册表中的相应记录。

1）打开“注册表编辑器”窗口。

2）在“注册表编辑器”窗口中，依次展开以下路径：HKEY_CURRENT_USER\Software\Microsoft\Windows\CurrentVersion\Explorer\WordWheelQuery，如图 1-54 所示。

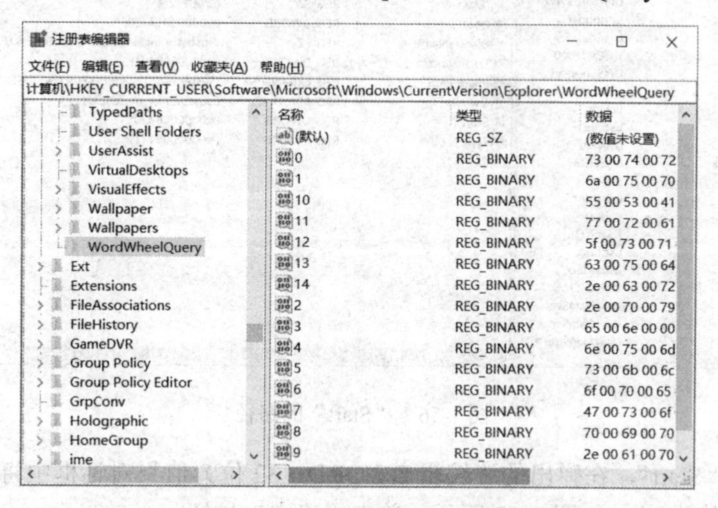

图 1-54　“WordWheelQuery”的路径

3）删除“WordWheelQuery”目录下除“（默认）”之外的全部文件，如图 1-55 所示。为防删除错误，建议事先做好备份。

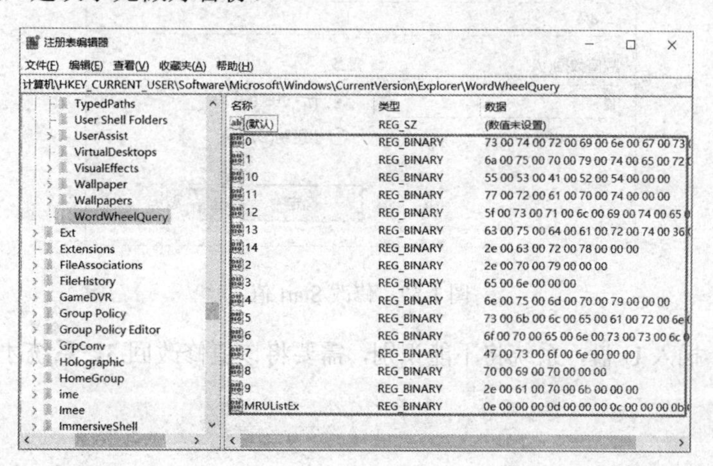

图 1-55　删除选中内容

4. 禁用 U 盘

U 盘在日常的使用中除了带给用户方便外，同时也可能传播病毒，禁用 U 盘可以很好地保护计算机，同时还可以预防非法用户将计算机中的文件复制到U盘。

1）打开“注册表编辑器”窗口。

2）在“注册表编辑器”窗口中，依次展开以下路径：HEKY_LOCAL_MACHINE\SYSTEM\CurrentControlSet\Services\USBSTOR，如图1-56所示。

图1-56 “Start”的路径

3）双击“Start”，在弹出的“编辑DWORD（32位）值”对话框中将“数值数据”修改为4（原值为3），如图1-57所示，单击“确定”按钮。

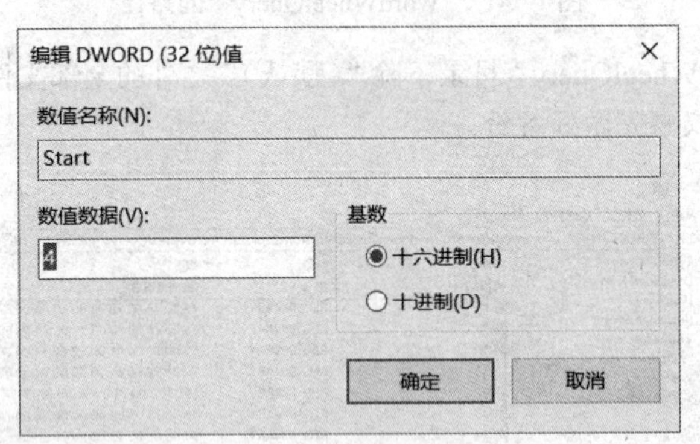

图1-57 修改Start值

4）至此，插入U盘，系统将不能识别，需要将该值修改回3，系统才能识别U盘。

第2章　Office 2016 办公基础与应用

2.1　设置个性化的工作环境

实训目的

设置一个符合本人习惯的个性化 Word 办公环境，以便提升工作效率。

实训内容

1）显示或隐藏段落标记。
2）设置或取消自动编号。
3）显示或隐藏新建选项卡。

1. 显示或隐藏段落标记

默认状态下，在每个段落尾按下 Enter 键后，会出现一个弯箭头形状的段落标记。在操作过程中，根据个人需求可随时隐藏或显示此标记符号。

1）打开 Word 文件，选择“文件”｜“选项”选项，弹出“Word 选项”对话框，选择“显示”选项卡，如图 2-1 所示。

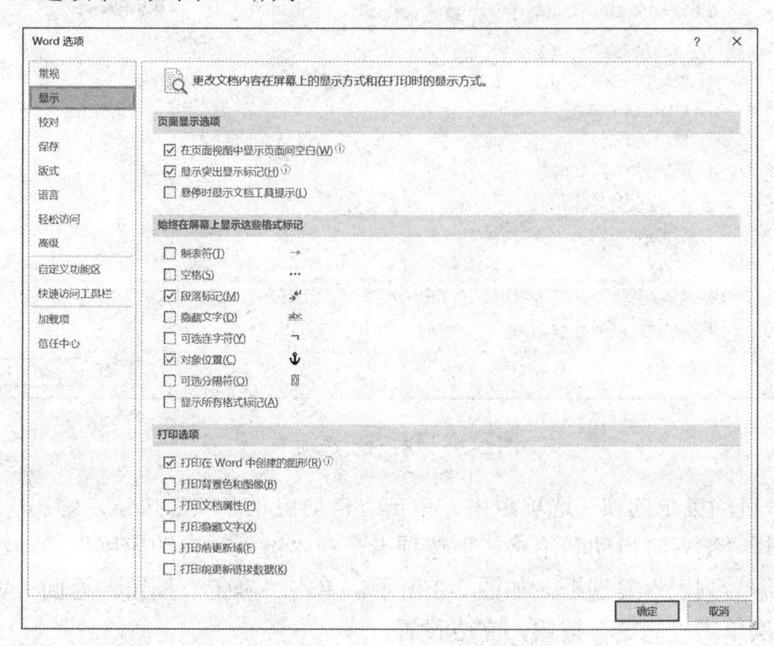

图 2-1　“显示”选项卡

2）在“始终在屏幕上显示这些格式标记”选项组中，取消选中“段落标记”复选框，单击“确定”按钮，此时文档中的段落标记将不再显示。也可以显示或隐藏其他标记，如空格、制表符等标记符号。

2. 设置或取消自动编号

在文档中输入以编号开头的文字时，当按 Enter 键后，下一个段落会自动进行编号，有时另起段落后不需要自动编号或习惯自行输入编号后进行格式设置，这时可以设置取消自动编号。

1）按照前面的方法，打开“Word 选项”对话框，选择“校对”选项卡，如图 2-2 所示。

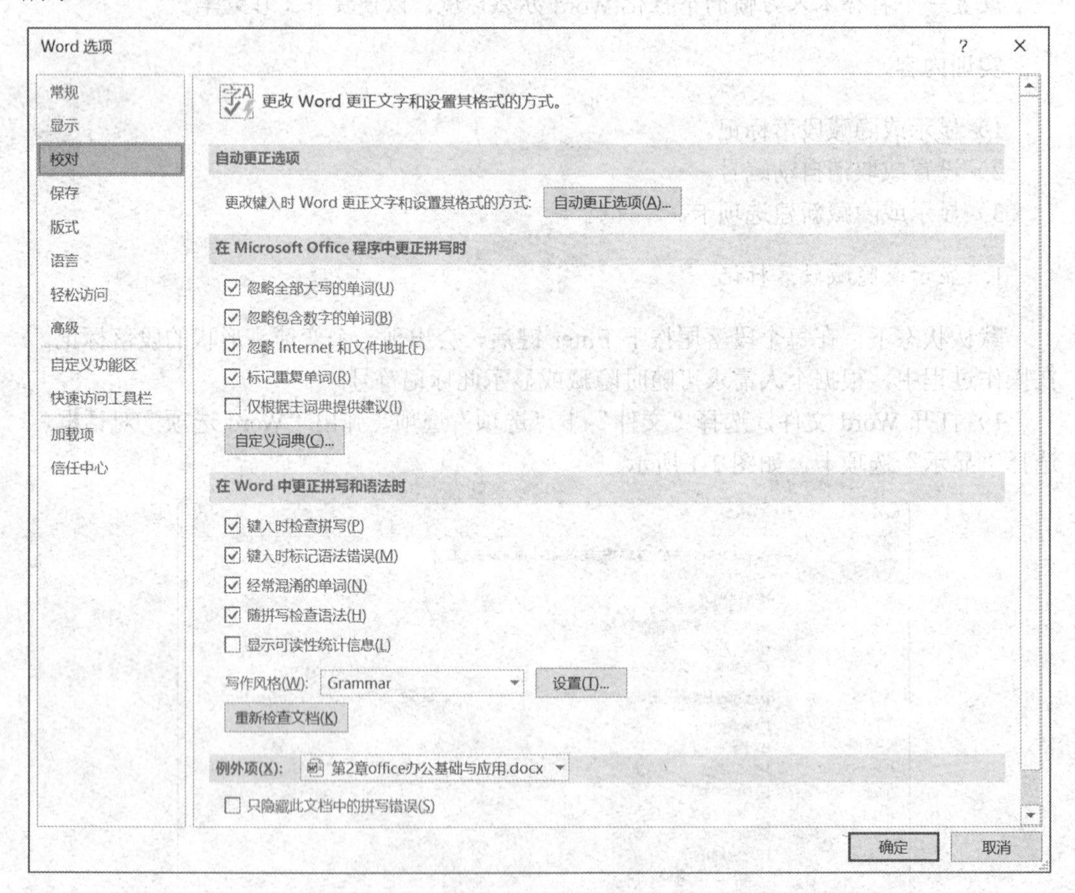

图 2-2 “校对”选项卡

2）在“自动更正选项”选项组中，单击“自动更正选项”按钮，弹出“自动更正”对话框。选择“键入时自动套用格式”选项卡，在“键入时自动应用”选项组中，取消选中“自动编号列表”复选框，如图 2-3 所示，单击“确定”按钮。返回“Word 选项”对话框，再次单击“确定”按钮，完成设置。

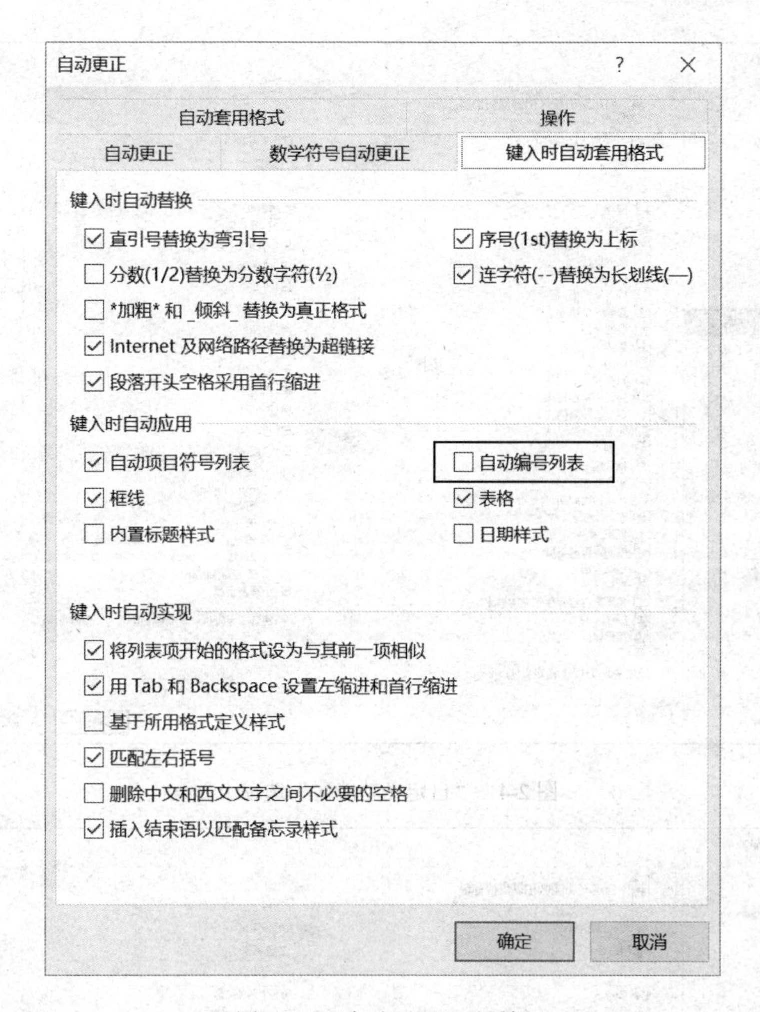

图 2-3 “自动更正”对话框

3. 显示或隐藏新建选项卡

在 Word 中，常用的选项卡有“开始”、“插入”、“设计”、“布局”、“引用”、“邮件”、“审阅”和“视图”。在文本编排过程中，有部分功能经常使用，但是由于分属不同的选项卡，操作时需要多次切换选项卡，比较烦琐，这时可以新建一个选项卡，将这些功能放入其中，然后将其显示在 Word 选项卡区域中。

1）按照前面的方法，打开“Word 选项”对话框，选择“自定义功能区”选项卡，如图 2-4 所示。

2）单击“新建选项卡”按钮，在“主选项卡”列表框中生成了“新建选项卡（自定义）”，单击“重命名”按钮，将新建选项卡重命名为“我的选项卡”，如图 2-5 所示，然后将“新建组（自定义）”重命名为“我的工具箱”。

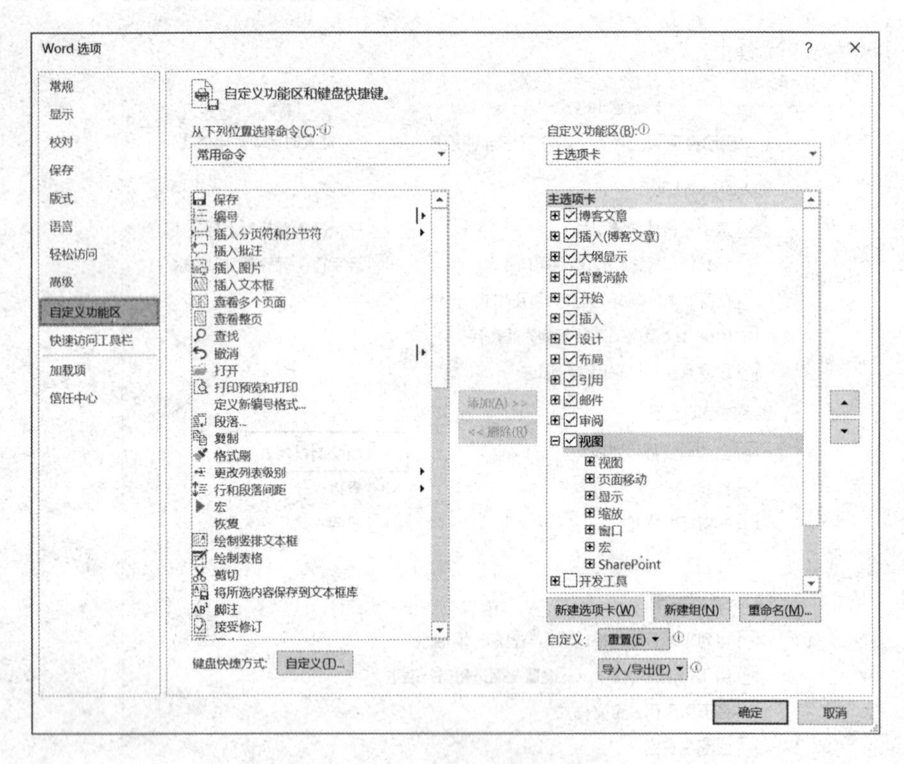

图 2-4 “自定义功能区”选项卡

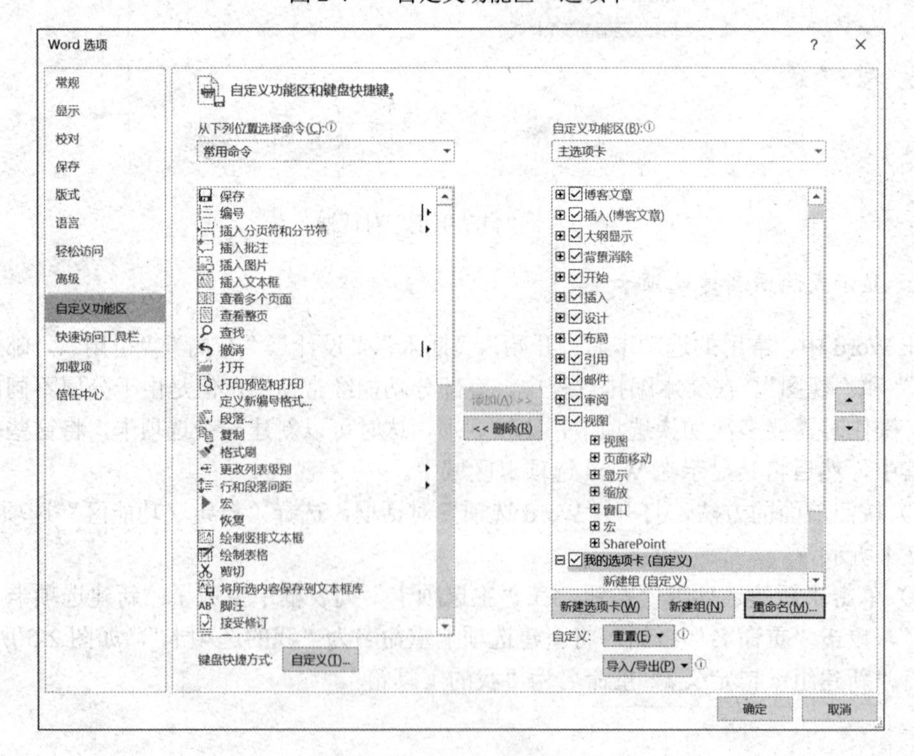

图 2-5 重命名新建选项卡

3）在左侧的“常用命令”列表框中，选择相应的命令添加到“我的工具箱”中，如图 2-6 所示。

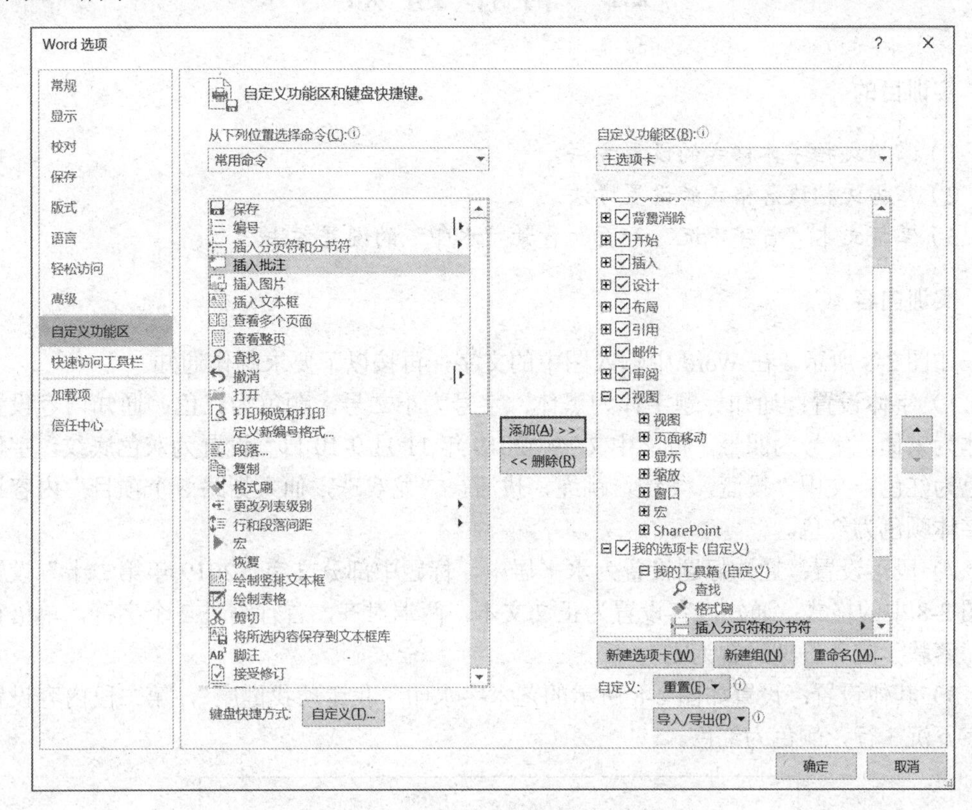

图 2-6　添加功能

4）单击“确定”按钮，返回工作界面，“我的选项卡”显示在选项卡区域中，如图 2-7 所示。

图 2-7　我的选项卡

5）如果需要隐藏“我的选项卡”，按照前面的方法，打开“自定义功能区”选项卡，在“主选项卡”列表框中，取消选中“我的选项卡”复选框。如果需要删除“我的选项卡”，则选中该复选框后，单击“删除”按钮即可。但是对于系统自带的选项卡，是不能进行删除操作的，只能进行显示或隐藏操作。

在“Word 选项”对话框中，用户可以根据使用习惯选择不同的功能进行相关的设置。在 Excel 和 PowerPoint 中，也可以通过“文件”|“选项”命令来设置整个工作环境。

2.2 制作通知

实训目的

1）掌握文档字体格式的设置方法。

2）掌握文档段落格式的设置方法。

3）掌握文本“首字下沉”和页面背景“水印”的设置方法。

实训内容

如图 2-8 所示，在 Word 中输入图中的文字，再按以下要求制作通知。

1）字体设置：通知标题字体为黑体，字号为小二号，颜色为红色；通知内容设置字体为宋体，字号为四号，将文中文字“2019 年 11 月 9-10 日”设置为灰色底纹，字体颜色为红色；文中“投篮，飞镖，跳绳，拔河，二龙戏珠，仙人指路 6 个项目”内容设置字体颜色为红色。

2）段落设置：通知标题设置为水平居中，标题中部分文字“2019 年第二十”设置为图 2-8 中的格式；通知内容设置为正文文本，两端对齐，首行缩进 2 个字符，单倍行距。落款学院和日期设置为右对齐。

3）其他设置：设置如图 2-8 所示的艺术字水印“我运动我健康”，第二段内容设置首字下沉 3 行，颜色为红色。

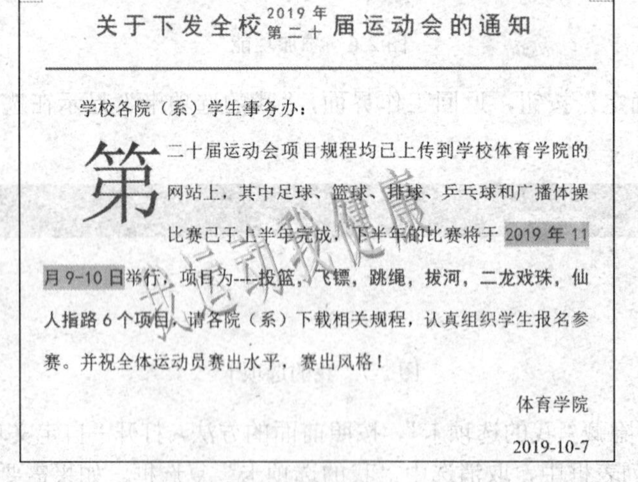
关于下发全校2019 年第二十届运动会的通知

学校各院（系）学生事务办：

第二十届运动会项目规程均已上传到学校体育学院的网站上，其中足球、篮球、排球、乒乓球和广播体操比赛已于上半年完成，下半年的比赛将于 2019 年 11 月 9-10 日举行，项目为---投篮，飞镖，跳绳，拔河，二龙戏珠，仙人指路 6 个项目，请各院（系）下载相关规程，认真组织学生报名参赛。并祝全体运动员赛出水平，赛出风格！

体育学院

2019-10-7

图 2-8　通知案例

1. 字体设置

通过观察图 2-8 可以发现，文中的通知标题和下方的通知内容字体格式不一样，因此，需要进行两次字体的设置，可以通过“字体”选项组或对话框进行设置。

1）选中通知标题“关于下发全校 2019 年第二十届运动会的通知”，单击“开始”|“字体”选项组右下角的对话框启动器，弹出“字体”对话框。选择“字体”选项卡，设置“中文字体”为黑体，“字号”为小二，“字体颜色”为红色，如图 2-9 所示，单击“确定”按钮。也可以通过“开始”|“字体”选项组中的命令进行设置。

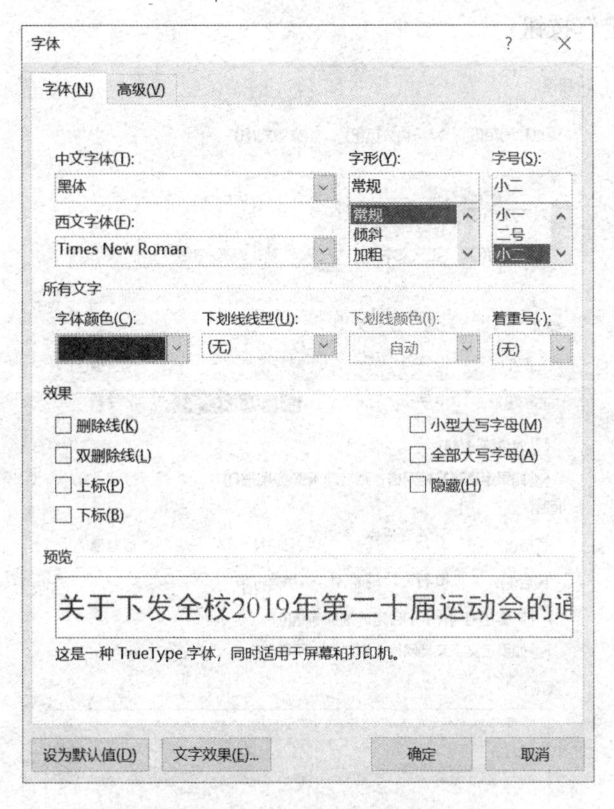

图 2-9　“字体”对话框

2）选中通知中的内容（除标题外），在“字体”选项组中，单击“中文字体”下拉按钮，在弹出的下拉列表中选择字体为“宋体”；再单击“字号”下拉按钮，在弹出的下拉列表中选择字号为“四号”。设置完后，选择“2019 年 11 月 9-10 日”文本内容，单击“字体颜色”下拉按钮，在弹出的下拉列表中选择颜色为“红色”，单击“开始”|“字体”选项组中的“字符底纹”按钮，为文本设置底纹。按照前面的方法，将文本“投篮，飞镖，跳绳，拔河，二龙戏珠，仙人指路 6 个项目”的字体颜色设置为红色。

2. 段落设置

案例中的通知内容有 4 个段落，首先进行统一段落设置，包括对齐方式、缩进和行距等，然后根据实验要求，对学院和日期两个段落进行“右对齐”设置，最后对通知标题中的特定文字设置“中文版式”。段落设置同样可以通过选项组或对话框两种方式进行设置。

1）将光标定位在标题行，单击“开始”|“段落”选项组中的“居中”按钮。

2）选中通知中的内容，单击“开始”|“段落”选项组右下角的对话框启动器，弹出“段落”对话框。选择“缩进和间距”选项卡，在“对齐方式”下拉列表中选择“两端对齐”选项，在“大纲级别”下拉列表中选择“正文文本”选项，在“特殊”下拉列表中选择“首行”选项，并设置“缩进值”为 2 字符、“行距”为单倍行距，如图 2-10 所示，单击“确定”按钮。

图 2-10 “段落”对话框

3）选中学院和日期文本，单击“段落”选项组中的“右对齐”按钮，完成右对齐的设置。

4）选择通知标题中的“2019 年第二十”文本，单击“开始”|“段落”选项组中的“中文版式”下拉按钮，在弹出的下拉列表中选择“双行合一”选项，弹出“双行合一”对话框，如图 2-11 所示。预览结果与案例中一致，单击“确定”按钮，完成标题的设置。

图 2-11　“双行合一”对话框

3. 其他设置

对通知中的标题和内容进行了字体和段落设置后，再次观察，文中“第”字下沉，背景中还有“我运动我健康”的水印效果，可以分别使用“首字下沉”和“水印”功能来实现。

1）将光标定位在“第”字所在的行，单击“插入”|“文本”|“首字下沉”下拉按钮，在弹出的下拉列表中选择“首字下沉”选项，弹出“首字下沉”对话框。单击“位置”选项组中的“下沉”，在“下沉行数”微调框中输入 3，如图 2-12 所示，单击“确定”按钮，完成首字下沉的设置。

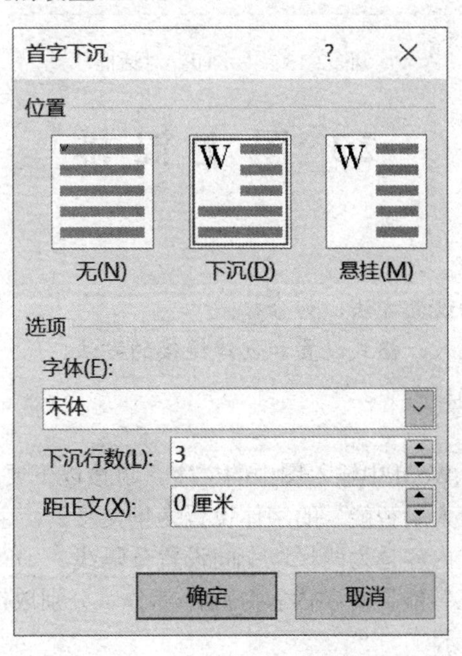

图 2-12　“首字下沉”对话框

2）单击“设计”|“页面背景”|“水印”下拉按钮，在弹出的下拉列表中选择“自定义水印”选项，弹出“水印”对话框。选中“文字水印”单选按钮，在“文字”文本框中输入“我运动我健康”，设置“颜色”为灰色、“版式”为斜式，如图 2-13 所示，单击“确定”按钮，完成水印的设置。或者双击“页眉”或“页脚”，单击“插入”|“文本”|“艺术字”下拉按钮，在弹出的下拉列表中选择需要插入的艺术字样式，单击插入页面背景中，编辑艺术字的文字，设置它的形状、轮廓、旋转及环绕方式等，达到图 2-8 所示的水印样式即可。

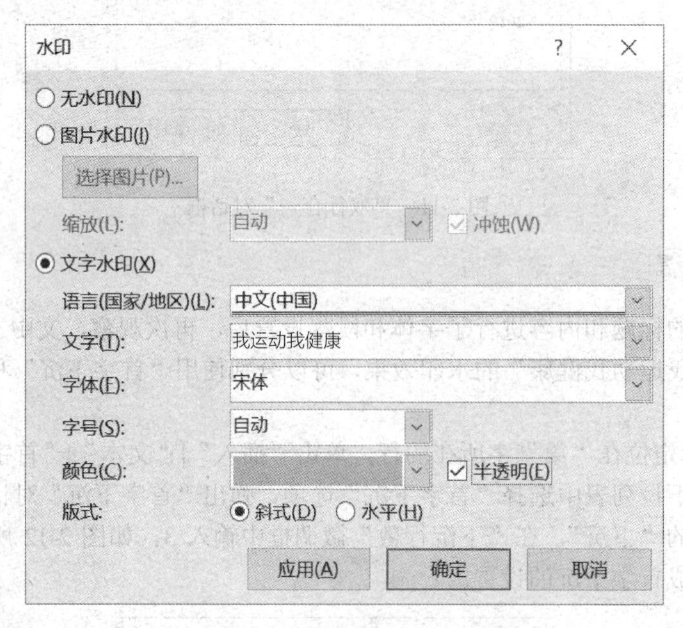

图 2-13 “水印”对话框

2.3 图文混排

实训目的

1）掌握页面布局的设置方法，如分栏。

2）掌握文本框的插入、格式设置和创建链接的方法。

实训内容

如图 2-14 所示，在 Word 中输入图中的文字，再按以下要求完成图文混排。

1）将文中第一行“人工智能”的字体设置为华文彩云，字号为一号，居中。

2）将人工智能正文内容分为两栏，中间设置分隔线。

3）将“意识和人工智能”文字内容分成两部分，分别放在人工智能正文内容的中间和右侧，如图 2-14 所示。

人工智能

人工智能的定义可以分为两部分，即“人工”和“智能”。“人工”比较好理解，争议性也不大。有时我们会要考虑什么是人力所能及制造的，或者人自身的智能程度有没有高到可以创造人工智能的地步，等等。但总的来说，“人工系统”就是通常意义下的人工系统。

人工智能在计算机领域内，得到了愈加广泛的重视。并在机器人，经济政治决策，控制系统，仿真系统中得到应用。

尼尔逊教授对人工智能下了这样一个定义：“人工智能是关于知识的学科——怎样表示知识以及怎样获得知识并使用知识的科学。”而另一个美国麻省理工学院的温斯顿教授认为：“人工智能就是研究如何使计算机去做过去只有人才能做的智能工作。”这些说法反映了人工智能学科的基本思想和基本内容。即人工智能是研究人类智能活动的规律，构造具有一定智能的人工系统，研究如何让计算机去完成以往需要人的智力才能胜任的工作，也就是研究如何应用计算机的软硬件来模拟人类某些智能行为的基本理论、方法和技术。

人工智能是研究使计算机来模拟人的某些思维过程和智能行为（如学习、推理、思考、规划等）的学科，主要包括计算机实现智能的原理、制造类似于人脑智能的计算机，使计算机能实现更高层次的应用。人工智能将涉及到计算机科学、心理学、哲学和语言学等学科。可以说几乎是自然科学和社会科学的所有学科，其范围已远远超出了计算机科学的范畴，人工智能与思维科学的关系是实践和理论的关系，人工智能是处于思维科学的技术应用层次，是它的一个应用分支。从思维观点看，人工智能不仅限于逻辑思维，要考虑形象思维、灵感思维才能促进人工智能的突破性的发展，数学常被认为是多种学科的基础科学，数学也进入语言、思维领域，人工智能学科也必须借用数学工具，数学不仅在标准逻辑、模糊数学等范围发挥作用，数学进入人工智能学科，它们将互相促进而更快地发展。

意识和人工智能

人工智能就其本质而言，是对人的思维的信息过程的模拟。

对于人的思维模拟可以从两条道路进行，一是结构模拟，仿照人脑的结构机制，制造出“类人脑”的机器；二是功能模拟，暂时撇开人脑的内部结构，而从其功能过程进行模拟。现代电子计算机的产生便是对人脑思维功能的模拟，是对人脑思维的信息过程的模拟。

弱人工智能如今不断地迅猛发展，尤其是 2008 年经济危机后，美日欧希望借机器人等实现再工业化，工业机器人以比以往任何时候更快的速度发展，更加带动了弱人工智能和相关领域产业的不断突破，很多必须用人来做的工作如今已经能用机器人实现。而强人工智能则暂时处于瓶颈，还需要科学家们和人类的努力。

图 2-14　图文混排案例

4）插入图片。

1. 设置字体、段落

选中第一行“人工智能”4 个字，在“字体”选项组中，设置字体为华文彩云、字号为一号；在“段落”选项组中，单击“居中”按钮。

2. 设置页面布局

1）将人工智能正文内容选中，单击“布局”|“页面设置”|“栏”下拉按钮，在弹出的下拉列表中选择“更多栏”选项，弹出“栏”对话框。

2）单击“预设”选项组中的“两栏”，选中“分隔线”复选框，在“应用于”下拉列表中选择“整篇文档”选项，如图 2-15 所示，单击“确定”按钮，完成人工智能正文内容的分栏设置。

3. 文本框的使用

1）将光标定位到分好栏的文本的任意位置，单击“插入”|“文本”|“文本框”下拉按钮，在弹出的下拉列表中选择“内置”中的“简单文本框”选项。

2）在光标处出现文本框，将文本框中的内容删除，再将“意识和人工智能”文字内容移到简单文本框中，并通过鼠标控制文本框周围的控点来调整文本框的大小，以和人工智能文本内容相匹配。

3）选择调整好的文本框，单击“格式”|“形状样式”|“形状轮廓”下拉按钮，

在弹出的下拉列表中选择“无轮廓”选项或选择和背景色一样的颜色，结果如图 2-16 所示。

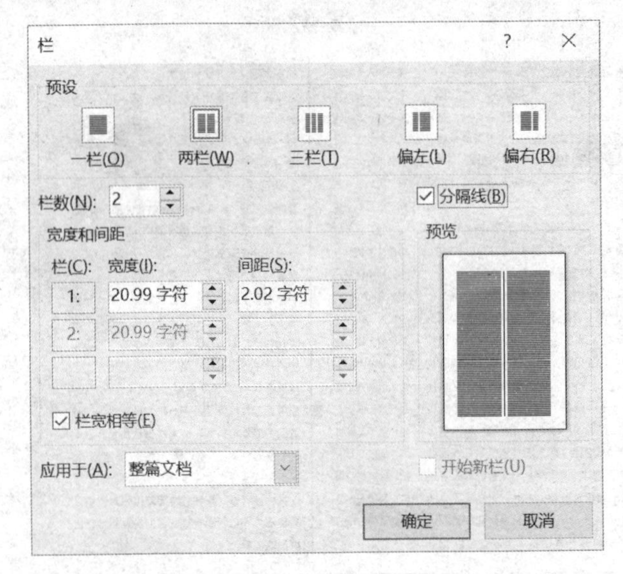

图 2-15 “栏”对话框

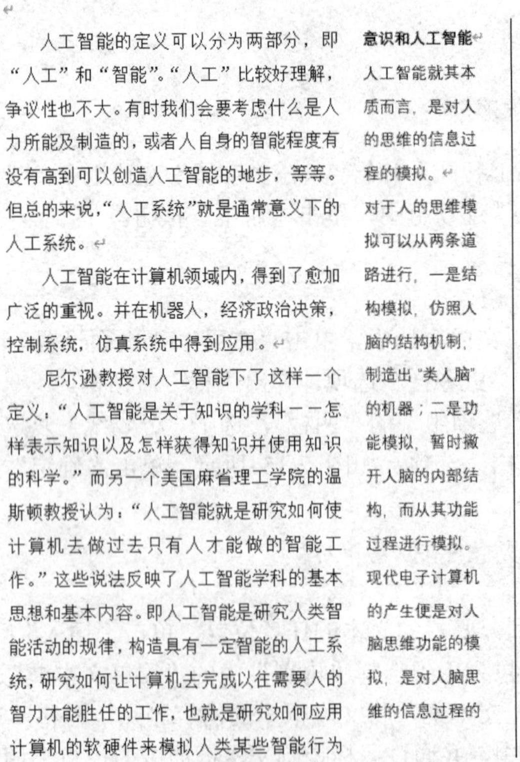

人工智能的定义可以分为两部分，即“人工”和“智能”。“人工”比较好理解，争议性也不大。有时我们会要考虑什么是人力所能及制造的，或者人自身的智能程度有没有高到可以创造人工智能的地步，等等。但总的来说，“人工系统”就是通常意义下的人工系统。

人工智能在计算机领域内，得到了愈加广泛的重视。并在机器人，经济政治决策，控制系统，仿真系统中得到应用。

尼尔逊教授对人工智能下了这样一个定义：“人工智能是关于知识的学科——怎样表示知识以及怎样获得知识并使用知识的科学。”而另一个美国麻省理工学院的温斯顿教授认为：“人工智能就是研究如何使计算机去做过去只有人才能做的智能工作。”这些说法反映了人工智能学科的基本思想和基本内容。即人工智能是研究人类智能活动的规律，构造具有一定智能的人工系统，研究如何让计算机去完成以往需要人的智力才能胜任的工作，也就是研究如何应用计算机的软硬件来模拟人类某些智能行为

意识和人工智能

人工智能就其本质而言，是对人的思维的信息过程的模拟。

对于人的思维模拟可以从两条道路进行，一是结构模拟，仿照人脑的结构机制，制造出“类人脑”的机器；二是功能模拟，暂时撇开人脑的内部结构，而从其功能过程进行模拟。现代电子计算机的产生便是对人脑思维功能的模拟，是对人脑思维的信息过程的

图 2-16 插入文本框

4）将光标定位到分隔线右侧区域，按照以上步骤再次插入第二个简单文本框，删除其中的文字，再选择第一个文本框，单击“格式”|“文本”|“创建链接”按钮，鼠标指针变为直立的罐状指针，移动鼠标指针到第二个文本框中，鼠标指针变成倾斜的罐状指针，单击即可将前一个文本框中多余的内容自动顺排到第二文本框中。

5）选择第二个文本框，按照前面的方法，调整文本框的大小、边框的颜色和环绕方式等，并使其显示在页面右侧。

4. 插入图片

1）在网上搜索一张和人工智能相关的图片并右击，在弹出的快捷菜单中选择“复制”选项，将此图片复制到剪贴板中。

2）将光标定位到需要插入图片的位置，按 Ctrl+V 组合键，将图片插入文本中。

3）选中图片，通过鼠标控制图片周边的控点调整大小，以适应版面要求。

4）单击“格式”|“排列”|“环绕方式”下拉按钮，在弹出的下拉列表中选择“四周型”选项，文字环绕在图片四周。这样即可完成图文混排的操作。

2.4 制作课表

实训目的

1）掌握表格的制作及格式设置的方法。

2）掌握图形的插入和格式设置的方法。

实训内容

制作一张如图 2-17 所示的课表。

时间 课程 星期		一	二	三	四	五
上午	第一节	数学	英语	语文	历史	语文
	第二节	数学	语文	语文	政治	语文
	第三节	语文	语文	数学	语文	化学
	第四节	语文	数学	数学	英语	物理
下午	第一节	英语	政治	英语	物理	物理
	第二节	物理	历史	英语	化学	数学
	第三节	化学	化学	物理	数学	数学
	第四节	政治	物理	化学	体育	化学

图 2-17　课表案例

1. 插入表格

1）打开 Word 文件，单击“插入”|“表格”|“表格”下拉按钮，在弹出的下拉列

表中选择“插入表格”选项，弹出“插入表格”对话框，在“列数”微调框中输入 7，在“行数”微调框中输入 9，如图 2-18 所示。

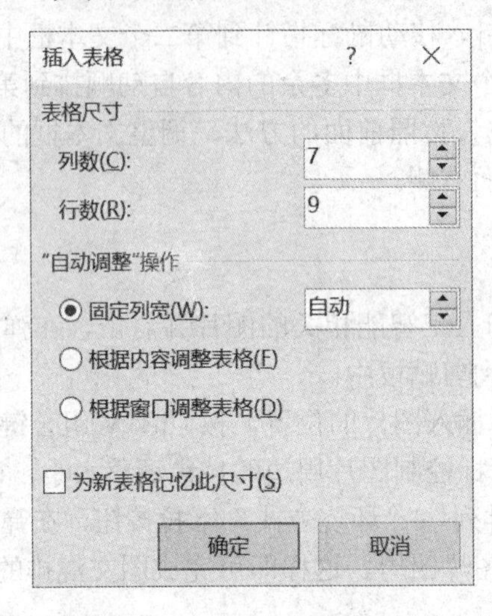

图 2-18 “插入表格”对话框

2）单击“确定”按钮，即可插入一个行数为 9、列数为 7 的表格。

2. 设置表格布局

1）在表中输入星期、时间和课程的内容，如图 2-19 所示。

		一	二	三	四	五
上午	第一节	数学	英语	语文	历史	语文
	第二节	数学	语文	语文	政治	语文
	第三节	语文	语文	数学	语文	化学
	第四节	语文	数学	数学	英语	物理
下午	第一节	英语	政治	英语	物理	物理
	第二节	物理	历史	英语	化学	数学
	第三节	化学	化学	物理	数学	数学
	第四节	政治	物理	化学	体育	化学

图 2-19 输入内容的表格

2）选中第一行的第一个和第二个单元格，单击“布局”|“合并”|“合并单元格”按钮，将所选的两个单元格合并成一个单元格。

3）选中第一列的第二个到第五个单元格，按照上述步骤，单击“合并单元格”按钮，将所选的 4 个单元格合并成一个单元格。

4）选中第一列的第六个到第九个单元格，将所选单元格合并成一个单元格。

5）在“布局”|“单元格大小”选项组中选择相应的功能，调整单元格的行高和列宽。

6）选择整个表格，单击“布局”|“对齐方式”|“水平居中”按钮，并将星期和时

间中的内容设置为黑体。

7）选中表格中的“上午”和“下午”所在的单元格右击，在弹出的快捷菜单中选择“文字方向”选项，弹出“文字方向”对话框。在“方向”选项组中单击文字竖排图标，单击“确定”按钮，设置布局之后的表格如图 2-20 所示。

		一	二	三	四	五
上午	第一节	数学	英语	语文	历史	语文
	第二节	数学	语文	语文	政治	语文
	第三节	语文	语文	数学	语文	化学
	第四节	语文	数学	数学	英语	物理
下午	第一节	英语	政治	英语	物理	物理
	第二节	物理	历史	英语	化学	数学
	第三节	化学	化学	物理	数学	数学
	第四节	政治	物理	化学	体育	化学

图 2-20 设置布局之后的表格

3. 设置表格边框

1）选中整个表格，单击“设计”|“边框”|“底纹”下拉按钮，在弹出的下拉列表中选择“边框和底纹”选项，弹出“边框和底纹”对话框。选择“边框”选项卡，在“样式”列表框中选择双线条，“宽度”为 0.5 磅，在“预览”选项组中单击外边框。

2）选择“样式”列表框中的单线条，“宽度”为 0.5 磅，在“预览”选项组中单击内边框，如图 2-21 所示。

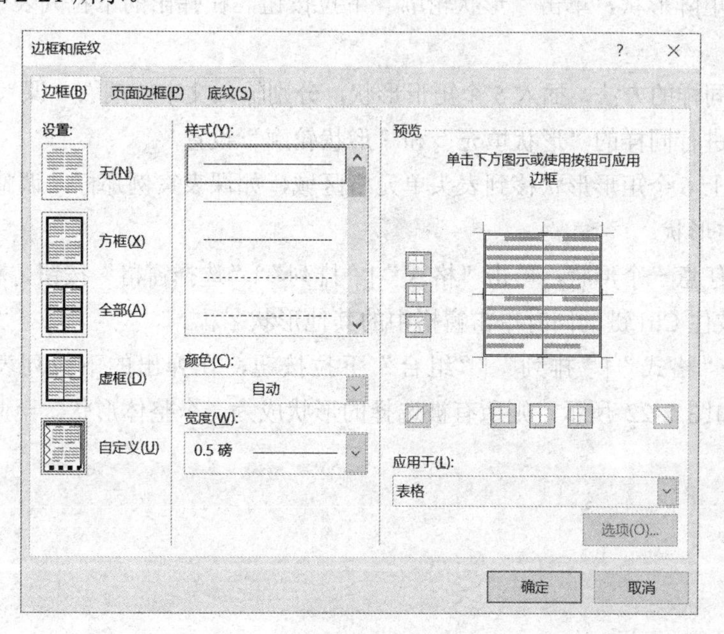

图 2-21 设置边框

3）单击“确定”按钮，返回表格编辑状态。

4）选择表格的第一行，具体操作同上，选择案例中的边框样式进行下边框的设置。

5）选择表格中的第 2 行到第 5 行，具体操作同上，选择“三实线”样式进行下边框的设置。

4. 插入形状

案例中，第一个单元格表头的设置，涉及线条和文字的错位显示，可以通过插入形状来实现这种显示效果。

（1）插入线条

1）单击“插入”|“插图”|“形状”下拉按钮，在弹出的下拉列表中选择“线条”中的直线，此时鼠标指针变为十字形，移动鼠标指针到表头单元格的上边框合适位置，按住不放往下拖动到右下角交汇处。

2）按照步骤 1）再次插入一条直线，一头在表头单元格的左侧边框，另一头在右下角交汇处。

（2）插入矩阵形状

1）按照以上步骤，在表格任意区域，插入一个矩形形状，输入文字“星”。

2）选中矩形形状，单击“格式”|“形状样式”|“形状填充”下拉按钮，在弹出的下拉列表中选择“无填充”选项。

3）选中矩阵形状，单击“形状轮廓”下拉按钮，在弹出的下拉列表中选择“无轮廓”选项。

4）使用同样的方法，插入 5 个矩形形状，分别输入文字“期”、“课”、“程”、“时”和“间”，并进行同样的“形状填充”和“形状轮廓”设置。

5）将以上 6 个矩形形状移到表头单元格区域，如课表案例那样，调整好位置。

（3）合并形状

1）选择任意一个形状，单击“格式”|“排列”|“选择窗格”按钮，右侧弹出“选择”窗格，按住 Ctrl 键的同时单击窗格中的其他形状名称。

2）单击“格式”|“排列”|“组合”下拉按钮，在弹出的下拉列表中选择“组合”选项，如图 2-22 所示，则所有被选择的形状成为一个整体形状。至此，课表制作完成。

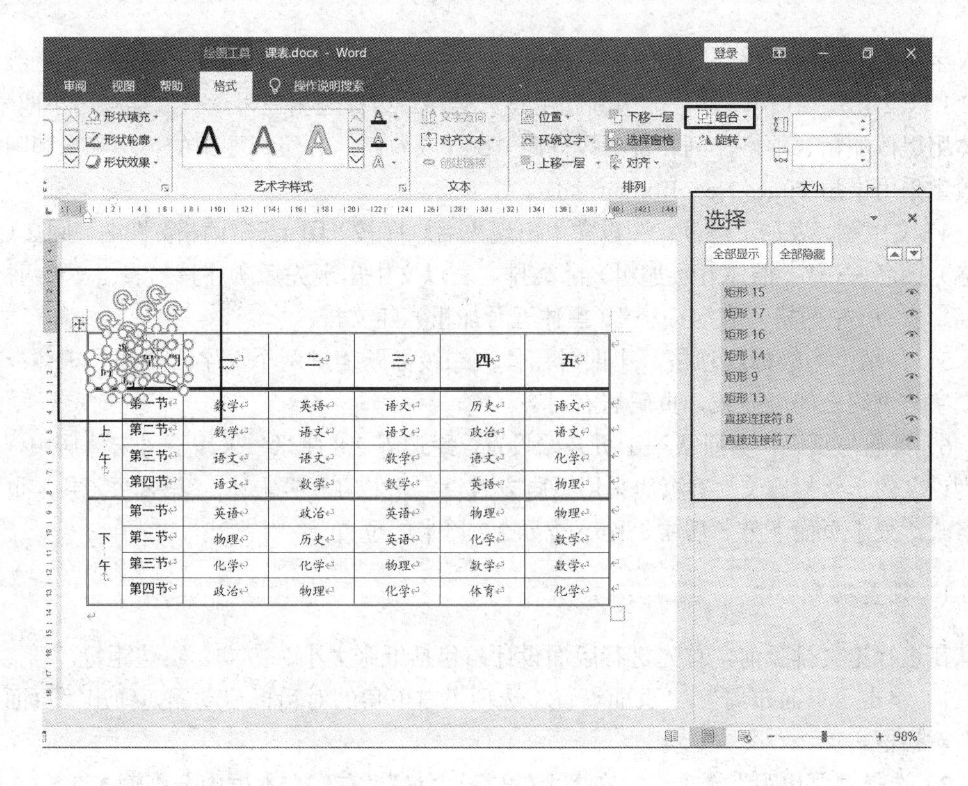

图 2-22 组合形状

2.5 论文排版

实训目的

1）掌握样式的设置方法。
2）掌握页眉、页脚的设置方法。
3）熟悉分节符的使用。
4）掌握自动生成目录的方法。
5）掌握插入题注和交叉引用的应用方法。

实训内容

将输入完成的一篇毕业论文，按照以下论文格式要求进行排版。

1）版面尺寸：A4（21.0 厘米×29.7 厘米）；版心位置（正文位置），上边界为 3.5 厘米、下边界为 3.0 厘米、左边界为 3.0 厘米、右边界为 2.5 厘米，装订线位置定义为 0 厘米。

2）正文文本：宋体小四号，标准字间距，行间距为固定值 22 磅，所有标点符号采用宋体全角，英文字母和阿拉伯数字采用半角 Times New Roman 字体排版，每段首行缩进两个汉字。

3）正文内标题：正文标题采用阿拉伯数字标引（阿拉伯数字与标题文字之间空一

个汉字符，不加标点符号，如一级标题 1、2……；二级标题 1.1、1.2、1.3……；三级标题 2.1.1、2.1.2、2.1.3……），一级标题用小二号、二级标题用三号、三级标题用小四号，字体用黑体加粗、顶格排列、前后段间距 0.5 行或 6 磅；各级标题中的英文字母和阿拉伯数字采用半角 Times New Roman 字体。

4）文中图、表加上题注。图以文中出现先后顺序按“图 1（空两格）图名、图 2（空两格）图名……”（楷体五号加粗）随文排。表以文中出现先后顺序按“表 1（空两格）表名、表 2（空两格）表名……”（黑体五号加粗）随文排。

5）目录：一级标题顶格，小四号黑体；二级标题缩进两个汉字，小四号宋体；标题文字与页码之间用点线，页码居右对齐。

6）页眉与页码：页眉从第 1 页开始设置，距边界 2.8 厘米，采用五号宋体居中，页眉为论文的一级标题文字，页码采用页脚方式设定，采用五号宋体、“第×页（共×页）”的格式，处于页面下方、居中、距下边界 2.2 厘米的位置。

1. 设置版面尺寸

在进行论文排版前，首先进行版面设计，包括纸张大小、方向、页边距等。

1）单击“页面布局”|“页面设置”选项组右下角的对话框启动器，弹出“页面设置”对话框。

2）选择“页边距”选项卡，在“上”“下”“左”“右”文本框中分别输入 3.5、3.0、3.0、2.5，并在“装订线”文本框中输入 0。

3）选择“纸张”选项卡，单击“纸张大小”下拉按钮，在弹出的下拉列表中选择“A4”选项。

4）单击“确定”按钮，完成版面的设置。

以上操作也可在“页面布局”选项卡的“页面设置”选项组中，使用“纸张大小”和“页边距”命令进行设置。

2. 设置正文文本

论文中的文字，在未设置标题之前，都称为正文文本。

1）单击“开始”|“样式”选项组右下角的对话框启动器，弹出“样式”窗格，单击“管理样式”按钮，弹出“管理样式”对话框。

2）选择“编辑”选项卡，在“选择要编辑的样式”列表框中选择“正文”样式，如图 2-23 所示。

3）单击“修改”按钮，弹出“修改样式”对话框。

4）单击左下角的“格式”下拉按钮，在弹出的下拉列表中分别选择“字体”和“段落”选项，在弹出的“字体”和“段落”对话框中按格式要求进行设置，完成后，单击“确定”按钮，返回“管理样式”对话框，如图 2-24 所示。与图 2-23 对比，“正文”样式已经修改。

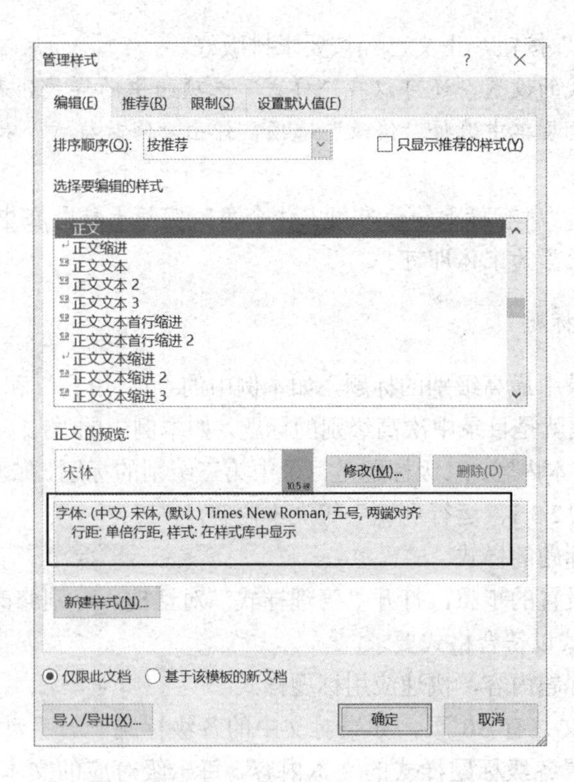

图 2-23　默认的正文样式

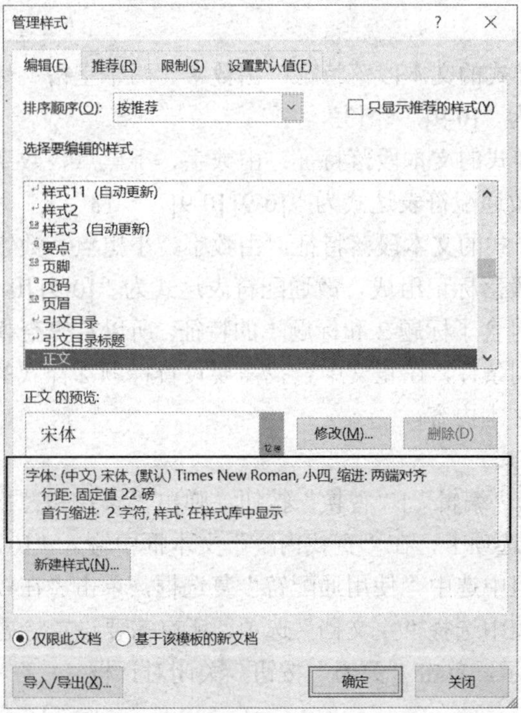

图 2-24　修改后的正文样式

5）单击“确定”按钮，正文已经按要求排版好。

说明：正文样式的设置，还可以在“样式”选项组中的样式列表中，选择“正文”右击，在弹出的快捷菜单中选择“修改”选项，弹出“修改样式”对话框，再按以上步骤进行设置即可。

在格式要求中，“所有标点符号采用宋体全角”实际上就是在中文输入法状态下输入标点符号，字体设置为宋体即可。

3. 设置正文内标题

一级标题是目录中最高级别的标题，如本例中的“1　引言”和“2　方案论证”等文本内容；二级标题就是目录中次高级别的标题，如本例中的“1.1　选题背景”和“2.1　程序设计思想”等文本内容；三级标题是目录中第三级别的标题，如本例中的“2.1.1　程序设计的方法”和“2.3.1　运行环境”等文本内容。

（1）设置各级标题的样式

按照正文文本设置的步骤，打开“管理样式”对话框，分别修改“标题 1”、“标题 2”和“标题 3”样式以符合格式要求。

（2）查找各级标题内容，快速应用标题样式

本例中毕业论文共有 30 页，如果对文中的各级标题一一手动设置，费时费力。通过分析，需要设置各级标题样式的文本内容，每一级对应的文本内容都有其共同特征，可以使用“通配符”查找各级别的文本内容，通过查找选中后，再进行标题样式的设置。

1）设置标题 1 样式的文本段落特征：由数字、两个空格、标题内容及段落标记组成，故通配符表达式为“[0-9]　*^13”。

2）设置标题 2 样式的文本段落特征：由数字、小黑点、数字、两个空格、标题内容及段落标记组成，故通配符表达式为“[0-9].[0-9]　*^13”。

3）设置标题 3 样式的文本段落特征：由数字、小黑点、数字、小黑点、数字、两个空格、标题内容及段落标记组成，故通配符表达式为“[0-9].[0-9].[0-9]　*^13”。

因为标题 3 文本包含了标题 2 和标题 1 的特征，所以首先查找需要设置标题 3 样式的文本内容，然后限制条件，在正文中查找需要设置标题 2 样式的文本，最后查找出需要设置标题 1 样式的文本内容。

① 设置标题 3 样式。

a. 单击“开始”|“编辑”|“替换”按钮，弹出“查找和替换”对话框。

b. 选择“查找”选项卡，在“查找内容”文本框中输入“[0-9].[0-9].[0-9]　*^13”，在“搜索选项”选项组中选中“使用通配符”复选框，单击“在以下项中查找”下拉按钮，在弹出的下拉列表中选择“主文档”选项，所有需要设置标题 3 样式的文本段落全部选中，如图 2-25 所示，单击“关闭”按钮，关闭对话框。

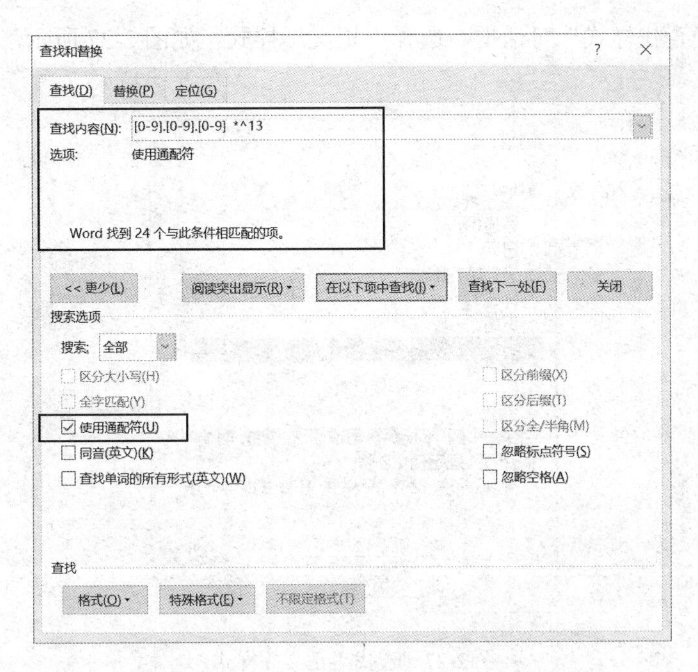

图 2-25 查找需要设置标题 3 样式的文本内容

c．文中所有需要设置标题 3 样式的文本段落全部被选中，如图 2-26 所示。

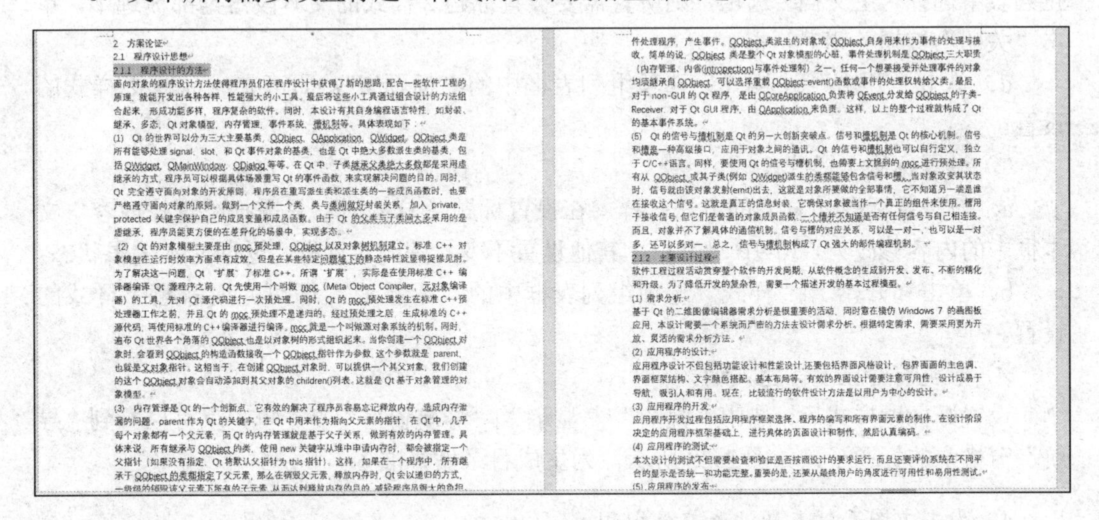

图 2-26 需要设置标题 3 样式的文本段落全部被选中

d．单击“开始”|“样式”选项组列表框中的“标题 3”，即可完成标题 3 样式的设置。

② 设置标题 2 样式。

a．选择需要设置标题 2 的文本段落，打开“查找和替换”对话框，在“查找内容”文本框中输入“[0-9].[0-9]　*^13”，在“搜索”选项组中选中“使用通配符”复选框，单击“格式”下拉按钮，在弹出的下拉列表中选择“样式”选项。

b．弹出“查找样式”对话框，选择“正文”样式，如图 2-27 所示，单击“确定”按钮。

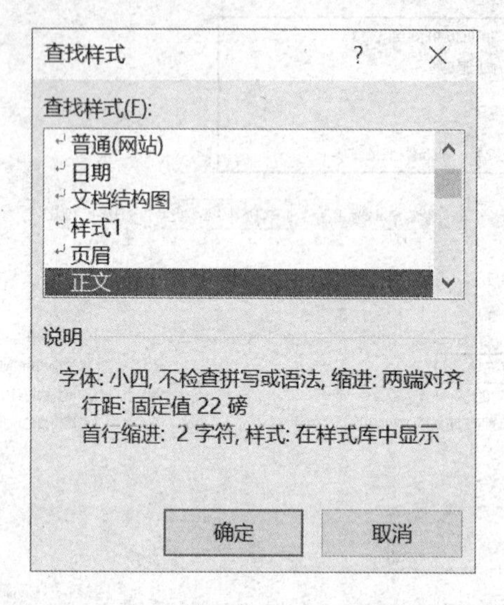

图 2-27 查找“正文”样式

c．返回“查找和替换”对话框，单击“在以下项中查找”下拉按钮，在弹出的下拉列表中选择“主文档”选项，则所有需要设置标题 2 样式的文本段落全部被选中，单击“关闭”按钮关闭对话框。

d．单击“开始”|“样式”选项组列表框中的“标题 2”，即可完成标题 2 样式的设置。

③ 设置标题 1 样式。

a．与设置标题 2 样式的方法一样，在设置标题 1 样式时，只需把“查找内容”文本框中的内容修改为“[0-9]　*^13”，其他设置不变，关闭对话框，返回文本编辑状态。

b．单击“开始”|“样式”选项组列表框中的“标题 1”，即可完成标题 1 样式的设置。

④ 导航窗格显示标题大纲。

设置好标题样式后，选中“视图”|“显示”|“导航窗格”复选框，就可以看到“导航”窗格中的标题了，如图 2-28 所示，为生成目录做好准备。

4. 为文中图表插入题注和交叉引用

在论文中插入图片（表或公式等）后，要为其添加题注并在文中引用，一般情况下，直接输入图片的题注（如图 1 等）并引用，但是如果后期增加或删除中间的某张图片，则需要更改此图片后面所有图片的题注与引用，费时费力。最好的办法是给文档中的图片统一插入题注并交叉引用。

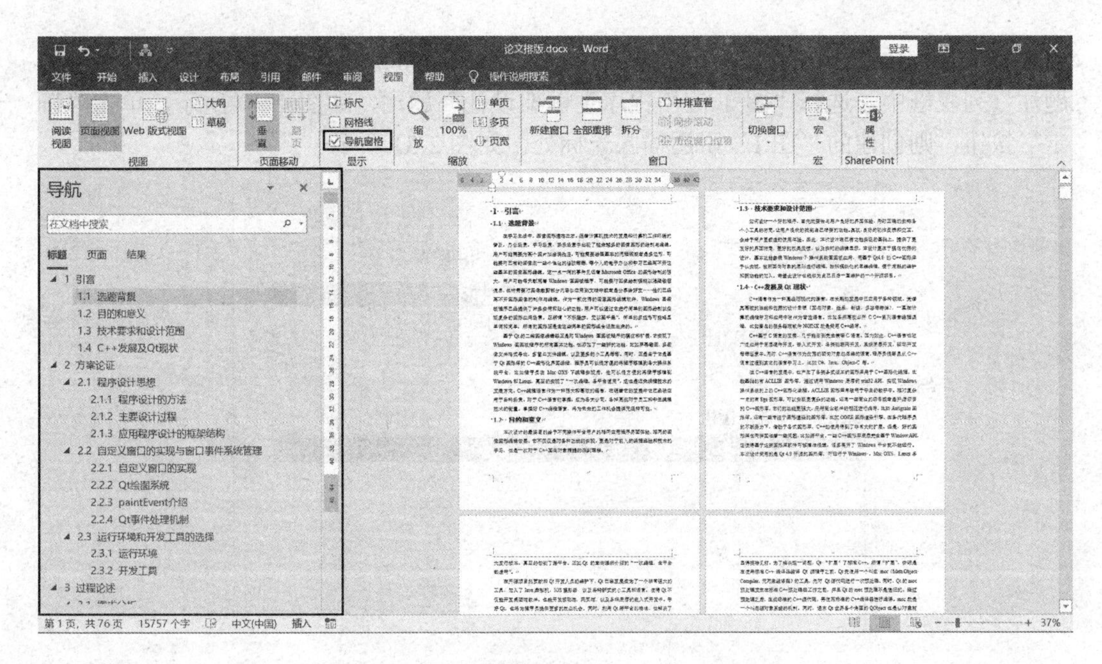

图 2-28 在导航窗格中显示标题大纲

（1）对第 1 张图片插入题注

1）将光标定位到第 1 张图片的文字说明部分。

2）单击“引用”|“题注”|“插入题注”按钮，弹出“题注”对话框。

3）在“标签”下拉列表中，选择“图”选项（如果没有此标签，可单击“新建标签”按钮，在弹出的“新建标签”对话框中的“标签”文本框中输入“图”，再单击“确定”按钮），在“题注”文本框中，自动生成“图 1”文字，如图 2-29 所示，单击“确定”按钮，创建的题注“图 1”自动插入光标处。

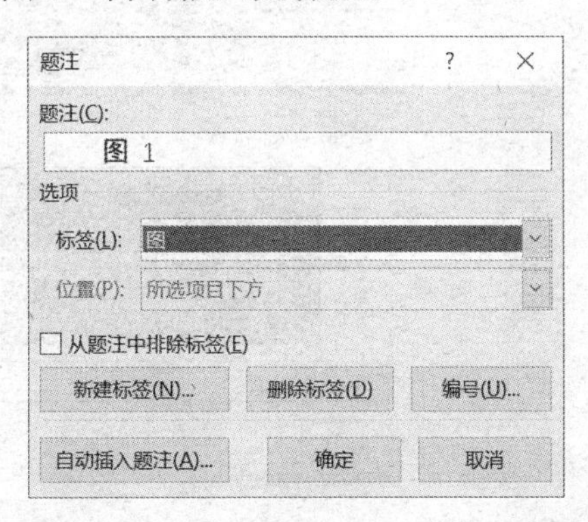

图 2-29 插入题注

（2）交叉引用“图 1”

1）将光标定位到文中需要引用题注的地方。

2）单击“引用”|“题注”|“交叉引用”按钮，弹出“交叉引用”对话框。

3）单击“引用类型”下拉按钮，在弹出的下拉列表中选择“图”选项；单击“引用内容”下拉按钮，在弹出的下拉列表中选择“仅标签和编号”选项；在“引用哪一个题注”列表框中，选择“图 1 应用程序主框架设计”题注，如图 2-30 所示，单击“确定”按钮，则创建的“图 1”引用插入光标处，如图 2-31 所示。

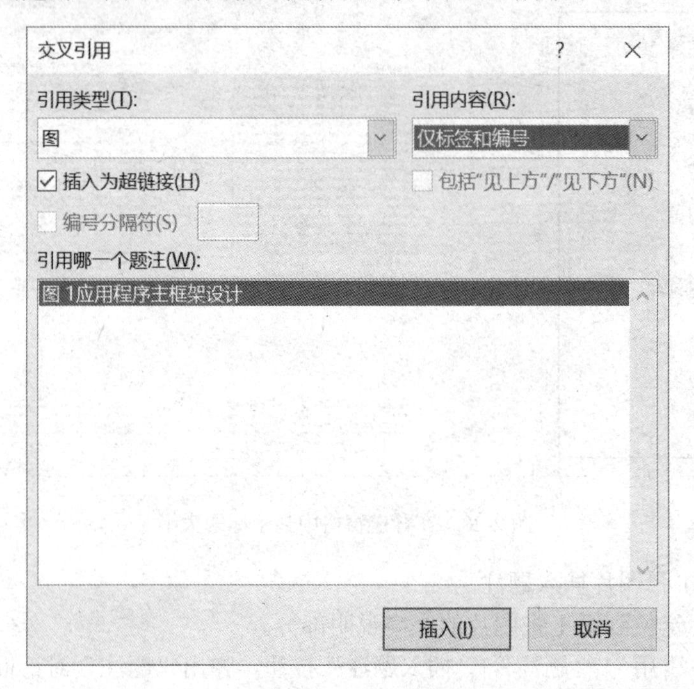

图 2-30　交叉引用“图 1”

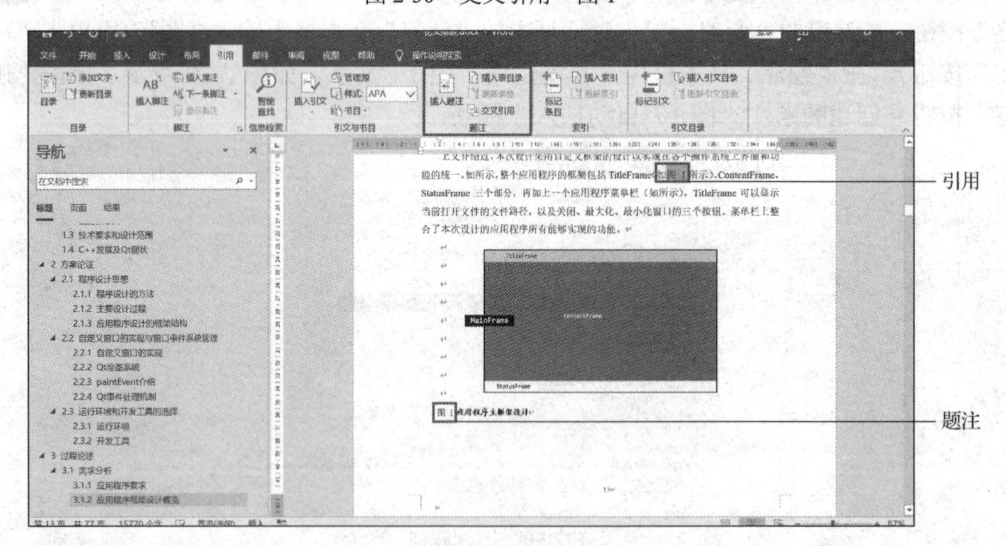

图 2-31　插入题注和引用“图 1”

（3）对其他图片进行插入题注和交叉引用

1）将光标定位到第 2 张图片文字说明前。

2）单击“插入题注”按钮，弹出“题注”对话框，如图 2-32 所示，在“题注”文本框中，自动编号为“图 2”，单击“确定”按钮，创建后的题注“图 2”自动插入光标处。

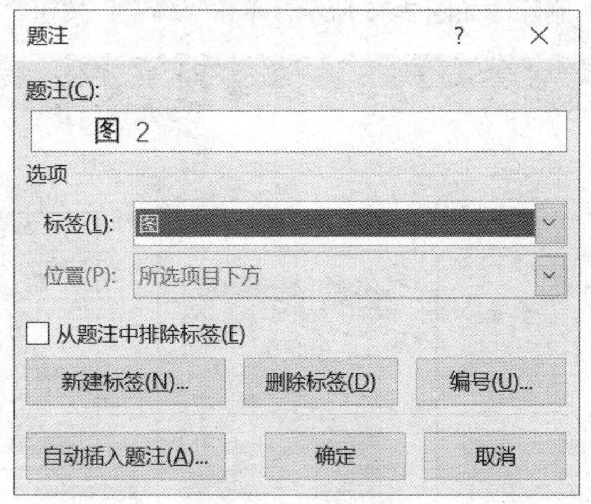

图 2-32 自动编号为“图 2”

3）将光标再定位到需要引用的地方，通过“交叉引用”功能，将“图 2”引用到文中。

4）对余下的图片，按照前面的方法进行插入题注和交叉引用的设置。

（4）设置题注格式

按以下步骤统一设置所有图片的题注格式。

1）按照前面所讲的方法，打开“管理样式”对话框，在“选择要编辑的样式”列表框中，选择“题注”样式。

2）单击“修改”按钮，在弹出的“修改样式”对话框中，设置字体为楷体、字号为五号、字形为加粗，单击“确定”按钮，返回“管理样式”对话框，单击“确定”按钮，完成所有题注的格式设置。

说明：在论文中对图片设置插入题注和交叉引用后，如果需要插入或删除图片，则只需按 Ctrl+A 组合键，然后按 F9 键，即可自动更新图片中的题注和引用。

5. 生成目录

设置好标题后，就可以自动生成目录了，并可以对目录中的格式进行修改。

（1）插入目录

1）将光标定位在文档的首部。

2）单击“引用”|“目录”|“目录”下拉按钮，在弹出的下拉列表中选择“自动目录 1”选项，结果如图 2-33 所示。

说明：如图 2-33 所示，目录中包括一级标题、二级标题和三级标题，而论文格式要求只显示一级标题和二级标题，因此需要更改目录。

（2）修改目录级别

1）单击“引用”|“目录”|“目录”下拉按钮，在弹出的下拉列表中选择“自定义目录”选项，弹出“目录”对话框，如图 2-34 所示。

2）单击“选项”按钮，弹出“目录选项”对话框，在“目录级别”中将“标题 3”文本框中的数字“3”删除，如图 2-35 所示，单击“确定”按钮。

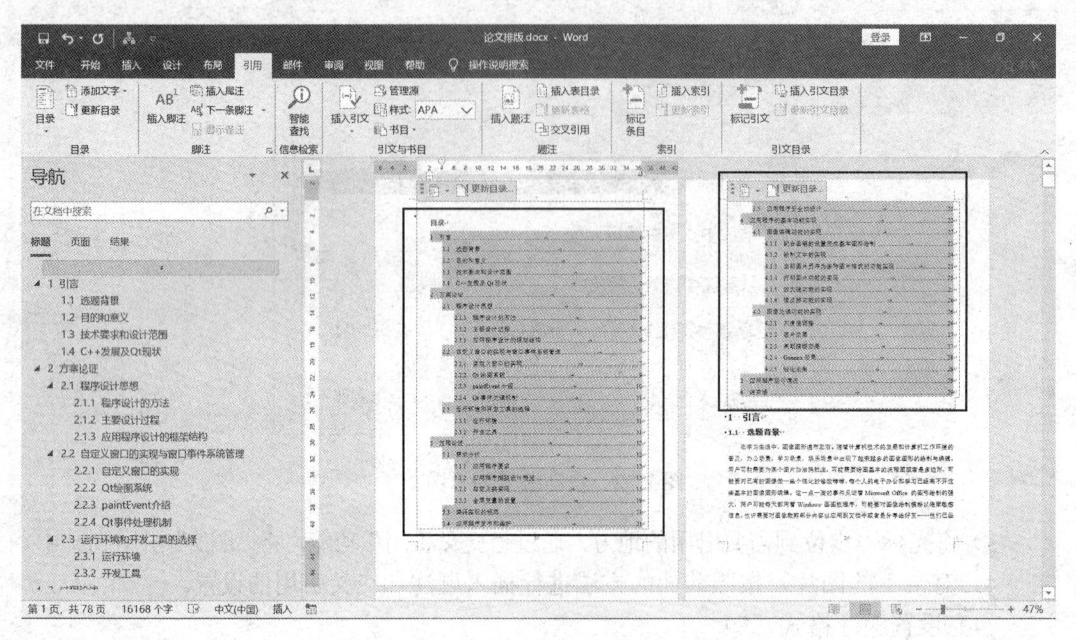

图 2-33 插入目录

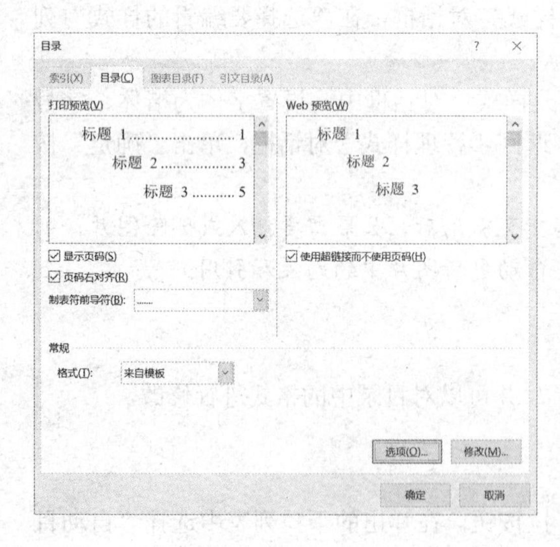

目录选项

目录建自:

样式(S)

有效样式: 目录级别(L):

HTML 预设格式

TOC 标题

标题 1 1

标题 2 2

标题 3

标题 4

大纲级别(O)

目录项字段(E)

重新设置(R) 确定 取消

图 2-34 “目录”对话框　　　　图 2-35 修改目录级别

（3）修改目录格式

1）返回“目录”对话框，单击“修改”按钮，弹出“样式”对话框，如图 2-36 所示。

2）选择“样式”列表框中的“TOC1”样式，单击“修改”按钮，弹出“修改样式”对话框。参照正文文本的设置步骤，设置字体为黑体、字号为小四号，单击“确定”按钮，完成标题 1 样式的修改。

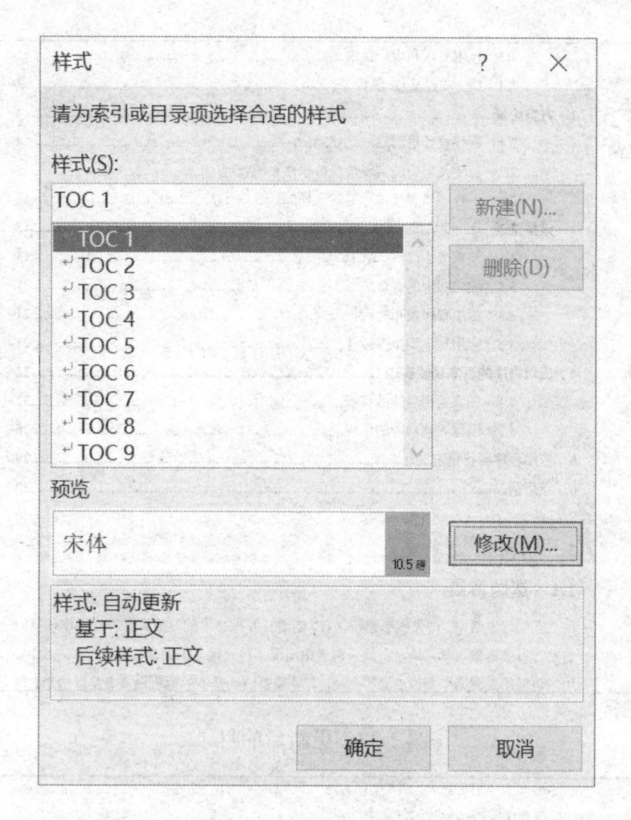

图 2-36　修改各级标题样式

3）返回“样式”对话框，选择“样式”列表框中的“TOC2”样式，单击“修改”按钮，在弹出的“修改样式”对话框中设置字体为宋体、字号为小四号；设置段落特殊格式为首行缩进，缩进值为 2，单击“确定”按钮，完成标题 2 样式的修改。

4）返回“样式”对话框，单击“确定”按钮。

5）返回“目录”对话框，单击“确定”按钮，完成目录的更新，如图 2-37 所示。

6. 设置页眉和页码

如图 2-37 所示，目录与论文内容在同一页，需要将目录单独显示为一页。由于目录所在页面的格式要求和论文内容不一样，因此需要在分隔的地方插入一个分节符，这样可以将目录与论文内容分为不同节，进行不同的页面设置。

（1）插入分节符

1）将光标定位在图 2-37 中的“1 引言”之前。

2）单击“页面布局”|“页面设置”|“分隔符”下拉按钮，在弹出的下拉列表中选择“分节符”|“下一页”选项，这样论文内容单独另起一页处于文档第二节，目录处于第一节，如图 2-38 所示。

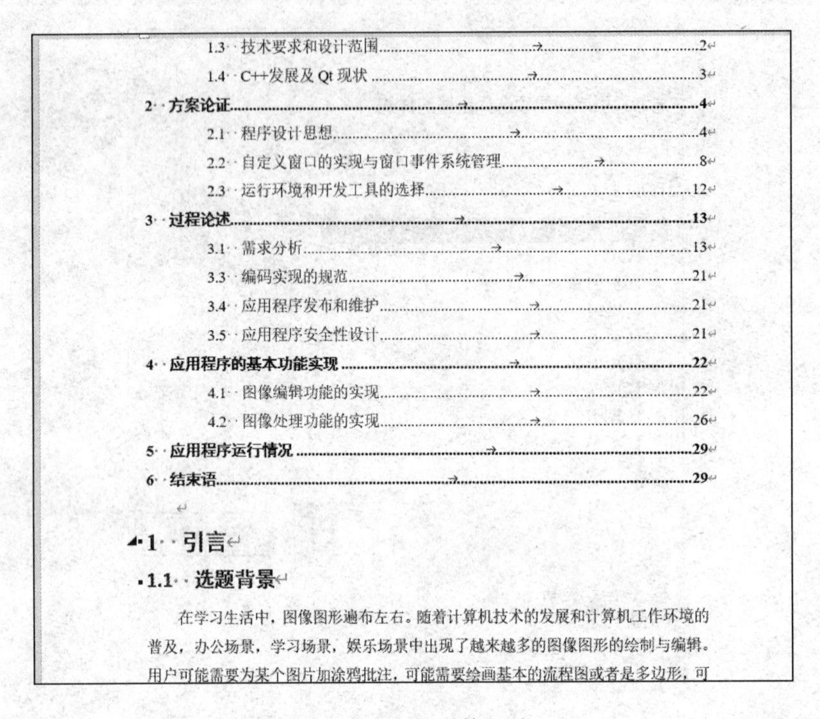
1.3 技术要求和设计范围 2
1.4 C++发展及Qt现状 3
2 方案论证 4
2.1 程序设计思想 4
2.2 自定义窗口的实现与窗口事件系统管理 8
2.3 运行环境和开发工具的选择 12
3 过程论述 13
3.1 需求分析 13
3.3 编码实现的规范 21
3.4 应用程序发布和维护 21
3.5 应用程序安全性设计 21
4 应用程序的基本功能实现 22
4.1 图像编辑功能的实现 22
4.2 图像处理功能的实现 26
5 应用程序运行情况 29
6 结束语 29

1 引言

1.1 选题背景

在学习生活中，图像图形遍布左右。随着计算机技术的发展和计算机工作环境的普及，办公场景，学习场景，娱乐场景中出现了越来越多的图像图形的绘制与编辑。用户可能需要为某个图片加涂鸦批注，可能需要绘画基本的流程图或者是多边形，可

图 2-37 更新后的目录

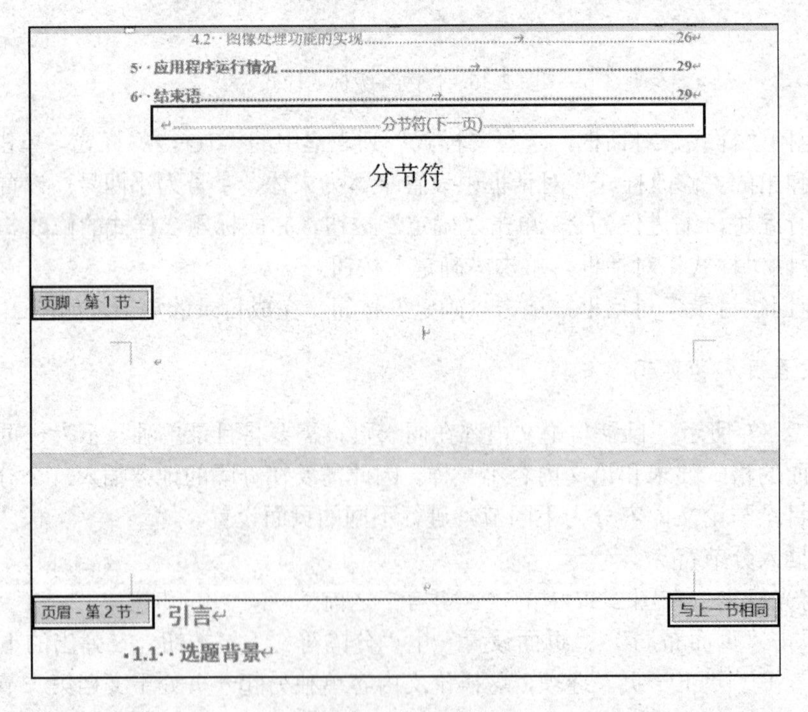

图 2-38 插入分节符

（2）插入第一章页眉

1）目录所在页不需要插入页眉和页脚，而论文内容每章的页眉需要设置为每章的

一级标题，这时将光标定位在第二节的页眉处，会看到图 2-38 中右下角的“与上一节相同”文字信息。

2）单击“设计”|“导航”|“链接到前一节”按钮，使其处于取消选中状态，第二节页眉处的“与上一节相同”文字消失，如图 2-39 所示。

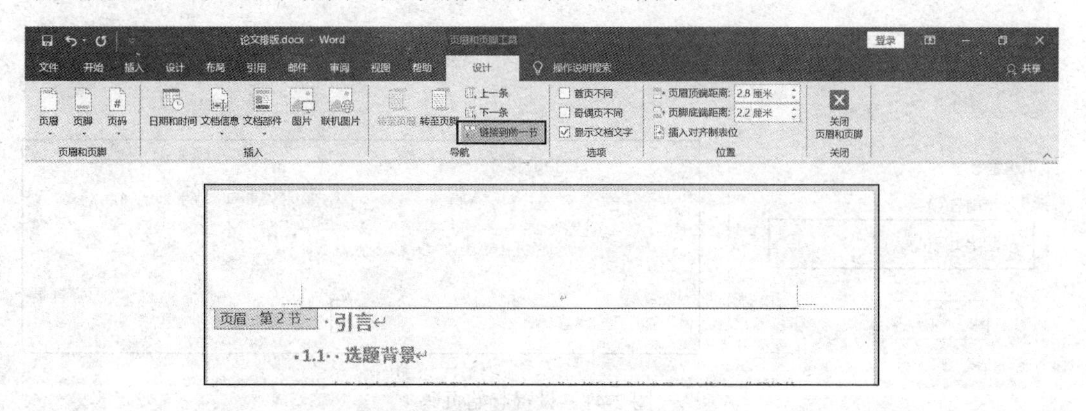

图 2-39　取消“与上一节相同”

3）在第二节页眉的位置输入“1 引言”，则第二节所有的页眉均显示为此内容。

（3）插入页码

1）将光标定位到第二节的页脚处，单击“插入” | “页眉和页脚” | “页码”下拉按钮，在弹出的下拉列表中选择“页面底端” | “简单” | “普通数字 2”选项，则在论文内容中自动出现页码，如图 2-40 所示。

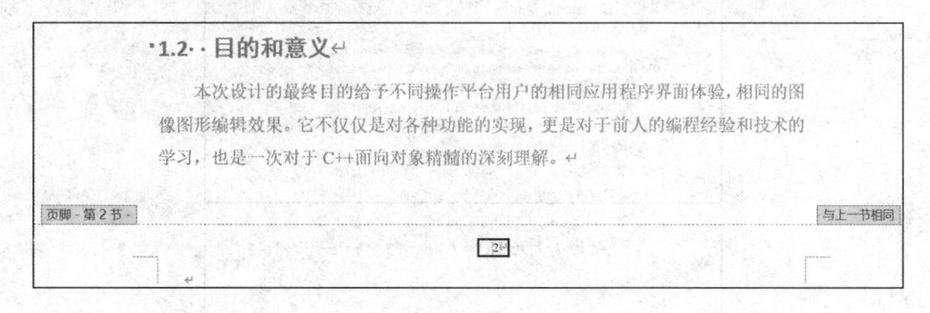

图 2-40　设置页码

2）此时论文正文第 1 页的页码显示为“2”，单击“插入” | “页眉和页脚” | “页码”下拉按钮，在弹出的下拉列表中选择“设置页码格式”选项，弹出“页码格式”对话框。

3）选中“页码编号”选项组中的“起始页码”单选按钮，并在其后的微调框中输入数字“1”，单击“确定”按钮，此时论文正文第 1 页的页码由“2”变为了“1”，如图 2-41 所示。

（4）插入其他章节的页眉

1）设置第 2 章的页眉，将光标定位在第 2 章内容所在页面的开始位置，和上面插入分节符的方法一样，在此处插入一个“下一节”分节符，如图 2-42 所示。

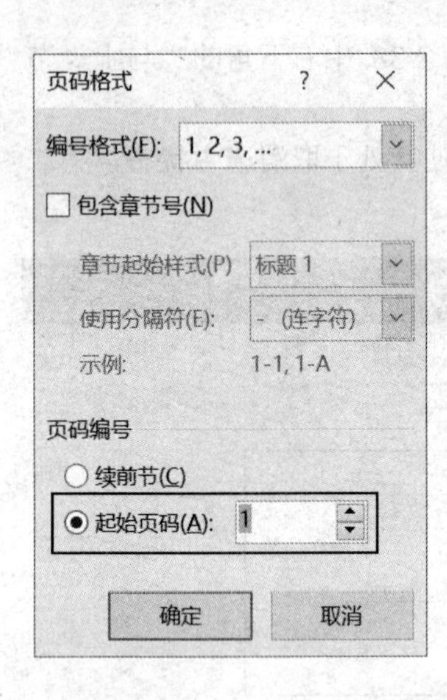

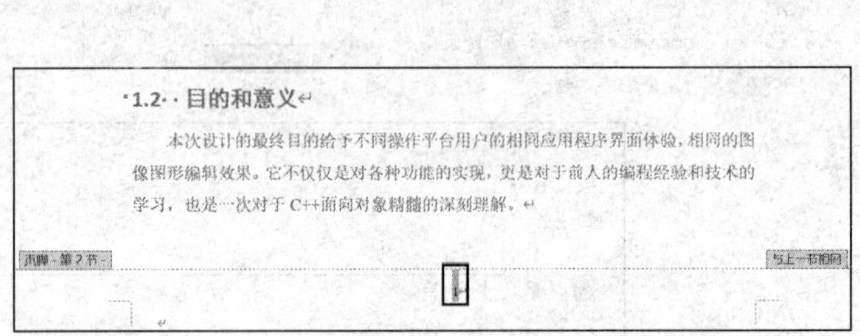

图 2-41　设置起始页码

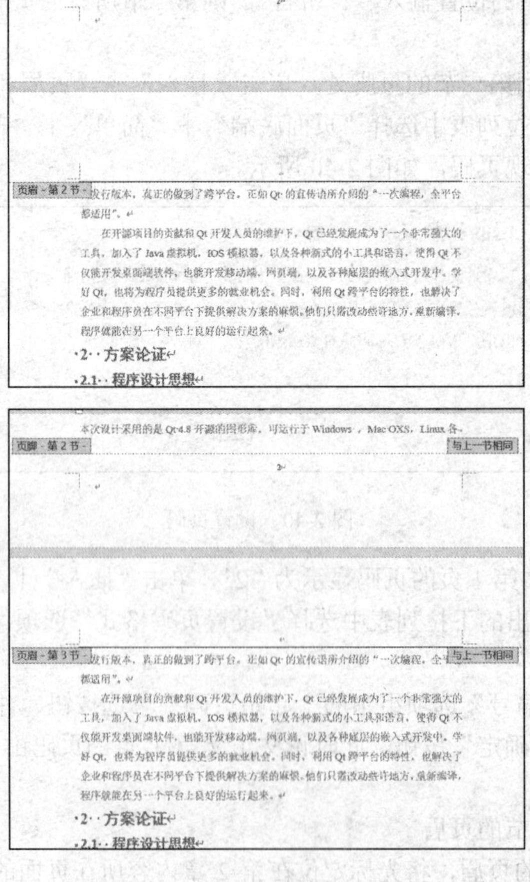

图 2-42　插入分节符前后的效果

2）这样第 2 章内容处于第 3 节中，同上面的步骤一样，取消第 3 节“链接到前一节”的设置，然后在第 3 节页眉中输入“2 方案论证”。

3）其余章节插入页眉的方法同上，这里不再赘述。

（5）设置页眉格式

1）双击任一页眉的位置，将光标定位在页眉，选中页码，设置字体格式为宋体、五号，设置段落格式为居中。

2）打开“页面设置”对话框，选择“布局”选项卡，在“距边界”|“页眉”文本框中输入 2.8 厘米，单击“确定”按钮。

（6）设置页脚格式

1）将光标定位在页脚，选中页码，设置字体格式为宋体、五号，设置段落格式为居中，并在数字页码前加上文字“第”，在数字页码后加上“页（共 30 页）”。

2）选择“设计”选项卡，在“位置”|“页脚底端距离”微调框中输入 2.2 厘米，完成页脚格式的设置。

（7）删除目录中的页码

1）将光标定位到论文第 1 页的页脚位置，按照前面的方法，取消第 2 节“链接到前一节”的设置。

2）将光标定位到目录所在的页码位置，选中页码，按 Delete 键删除。

7. 打印预览

论文按要求排版完毕后，选择“文件”|“打印”选项，右侧出现预览窗格，可调整右下角的缩放比例预览排版效果。

8. 操作训练

将“6. 设置页眉和页码”中的页眉改为奇数页和偶数页页眉的设置，格式要求如下：奇数页页眉为论文的一级标题文字，偶数页页眉为论文的题目，其他要求一样。

2.6 单元格引用案例

实训目的

掌握单元格地址的相对引用、绝对引用和混合引用。

实训内容

1）使用相对引用计算产品销售额。

2）使用绝对引用计算每月销售额和累计销售额。

3）使用混合引用计算不同产品的销售额。

1. 相对引用

如图 2-43 所示，根据产品数量和产品单价，计算产品销售额。通过分析，产品销售额=产品数量×产品单价。

	A	B	C	D
1	1.相对引用			
2	产品编号	产品数量	产品单价	产品销售额
3	CP001	20	2.5	
4	CP002	30	6	
5	CP003	40	10	
6	CP004	50	12.5	
7	CP005	36	5	
8	CP006	20	8	
9	CP007	55	11	
10	CP008	90	15	
11	CP009	86	25	

图 2-43 相对引用应用案例

1）选择单元格 D3，输入公式=“B3*C3”，按 Enter 键，计算出第一个产品的销售额。

2）选择单元格 D3 右下角的填充柄，双击，公式自动填充到单元格 D11（或者拖动填充柄至单元格 D11，释放鼠标）。计算出所有产品的销售额。

说明：双击或拖动填充柄进行公式复制时，每种产品的销售额会随着引用单元格的位置变化而变化，即公式所在单元格的位置改变，单元格引用也随之改变，如单元格 D3 中的公式是“=B3*C3”，单元格 D4 中的公式是“=B4*C4”……单元格 D11 中的公式是“=B11*C11”，这种引用方式为相对引用。

在本例中，复制公式是以列为基准的。通过观察，在复制过程中，公式中的 B3 变为 B4、B4 变为 B5，即列号不变，行号在变化，这种表示方式和混合引用中绝对列相对行是等价的，如 B3 和$B3 等价、B4 和$B4 等价，所以以上公式可以改写为“=$B3*$C3”。

思考：如果以行为基准复制公式，公式中的相对引用和混合引用中的哪一种形式等价？

2. 绝对引用

如图 2-44 所示，根据产品数量、产品单价计算每月销售额；根据产品数量和每月销售额，计算累计销售额。通过分析，每月销售额=产品单价×产品数量；累计销售额=1 月到当月所有销售额之和。

（1）计算每月销售额

1）选择单元格 D17，输入公式“=$B$14*C17”，按 Enter 键。

2）选择单元格 D17 右下角的填充柄，双击，公式自动填充到单元格 D24。完成每月销售额的计算。

	A	B	C	D	E
13	2. 绝对引用				
14	产品单价	5			
15					
16	月份	产品编号	产品数量	每月销售额	累计销售额
17	1	CP001	10		
18	2	CP001	15		
19	3	CP001	20		
20	4	CP001	25		
21	5	CP001	30		
22	6	CP001	40		
23	7	CP001	40		
24	8	CP001	20		

图 2-44　绝对引用应用案例

（2）计算累计销售额

1）选择单元格 E17，输入函数“=SUM($D$17:D17)”，按 Enter 键。

2）选择单元格 E17 右下角的填充柄，双击，公式自动填充到单元格 E24。完成累计销售额的计算。

说明：由于每月销售额中的产品数量随着公式所在单元格的位置改变而变化，因此公式中的单元格地址使用相对引用，而产品单价随着公式所在单元格的位置改变而不会变化，因此公式中的单元格地址使用绝对引用。

由于累计销售额都是从 1 月到当月的销售额之和，使用求和函数 SUM 时，计算的范围始终从 1 月开始，此单元格地址的引用不会变化，因此使用绝对引用。

3. 混合引用

如图 2-45 所示，销售额 1=产品数量×产品单价 1，销售额 2=产品数量×产品单价 2。

	A	B	C	D	E	F
25						
26	3. 混合引用					
27	产品编号	产品数量	产品单价1	产品单价2	销售额1	销售额2
28	CP001	20	2.5	3		
29	CP002	30	6	5		
30	CP003	40	10	12		
31	CP004	50	12.5	10		
32	CP005	36	5	6		
33	CP006	20	8	9		
34	CP007	55	11	10		
35	CP008	90	15	16		
36	CP009	86	25	20		

图 2-45　混合引用应用案例

（1）使用相对引用计算销售额 1 和销售额 2

1）选择单元格 E28，输入公式“=B28*C28”，按 Enter 键。

2）选择单元格 F28，输入公式“=B28*D28”，按 Enter 键。

3）选择单元格 E28 和单元格 F28，双击右下角的填充柄，即可完成所有销售额的计算。

（2）使用混合引用计算销售额 1 和销售额 2

1）选择单元格 E28，输入公式“=$B28*C28”，按 Enter 键。

2）选择单元格 E28，双击右下角的填充柄，完成销售额 1 的计算。

3）选择单元格 E28，向右拖动填充柄至 F28，释放鼠标。

4）选择单元格 F28，双击右下角的填充柄，完成销售额 2 的计算。

说明：在本例中，单元格的地址使用相对引用需要输入两个公式，如果使用混合引用则只需要输入一个公式就能完成所有运算。单元格 E28 中的公式“=$B28*C28”，向右拖动填充柄后，在单元格 F28 中变成了“=$B28*D28”，正好符合题意要求。在这里，$B28 虽是混合引用，但往右复制公式时，行号是不变的，再加上列取绝对运算，所以行列都不变，等价于绝对引用。

2.7 公式和函数的应用

实训目的

1）掌握公式和常用函数的输入与使用方法。

2）熟悉数据有效性的设置。

3）熟悉条件格式的设置。

实训内容

图 2-46 所示是实验中学七（七）班的数学成绩表，图 2-47 所示是学期成绩分析表，根据数学成绩表中的数据完成以下操作。

	A	B	C	D	E	F	G	H
1	学号	姓名	平时成绩	期中成绩	期末成绩	学期成绩	班级名次	期末总评
2	C121401	陈庆康	85	88	90			
3	C121402	邓淑芬	116	102	117			
4	C121403	何涵	113	99	100			
5	C121404	李浩男	99	89	96			
6	C121405	李金星	100	112	113			
7	C121406	李俊	113	105	99			
8	C121407	李凯	79	102	104			
9	C121408	李美威	96	92	89			
10	C121409	李儒友	75	85	83			
11	C121410	李涛	83	76	81			
12	C121411	李尉	107	106	101			
13	C121412	李宇飞	74	86	88			
14	C121413	刘艳	90	91	94			
15	C121414	刘壮	112	116	107			
16	C121415	商振	94	90	91			
17	C121416	邵志浩	90	81	96			
18	C121417	艾远	82	88	77			
19	C121418	陈思琦	90	95	101			
20	C121419	陈正	103	104	117			

数学成绩表 | 成绩分析表

图 2-46 数学成绩表

	A	B	C	D	E	F
1	学期成绩分析表					
2	分数段	优秀（108-120）	良（96-107）	中（84-95）	及格（72-83）	不及格（72分以下）
3	人数					
4	百分比					
5	最高分		最低分		平均分	

图 2-47　学期成绩分析表

1）在数学成绩表中，计算学期成绩、班级名次和期末总评。

其中，学期成绩=平时成绩×0.1+期中成绩×0.2+期末成绩×0.7，班级名次根据学期成绩计算，计算结果显示为“第？名”形式（？代表具体名次）。期末总评：学期成绩≥108 分显示“优秀”，学期成绩<84 分显示“还需努力”，其他不显示任何信息。

2）在学期成绩分析表中，计算班级中优秀、良好、中、及格和不及格的人数及百分比，计算数学成绩表中的最高分、最低分和平均分。

3）在数学成绩表中，平时成绩、期中成绩和期末成绩分数区域中的值设置在整数 0～120 范围内，一旦超过这个范围，弹出警告信息“请输入合法的数据！”。

4）将“还需努力”的学生姓名设置为红色。

1. 公式和函数的使用

（1）在数学成绩表中使用公式和函数

1）计算学期成绩。

① 选择单元格 F2，输入公式“=C2*0.1+D2*0.2+E2*0.7”，按 Enter 键。

② 双击单元格 F2 右下角的填充柄或拖动填充柄到最后单元格，完成公式的自动填充。

2）计算班级名次。

① 选择单元格 G2，输入公式“="第"&RANK.EQ(F2,$F$2:$F$45,0)& "名"”，按 Enter 键。

② 拖动单元格 F2 右下角的填充柄到单元格 F45，完成公式的自动填充。

3）计算期末总评。

① 选择单元格 H2，输入函数“=IF(F2>=108,"优秀",IF(F2>=84,"","还需努力"))”，按 Enter 键。

② 拖动单元格 H2 右下角的填充柄到单元格 H45，完成公式的填充。

说明：学期成绩直接通过公式实现，公式中的单元格在公式位置变化时随着变化，所以单元格地址使用相对引用；班级名次可以通过 RANK.EQ 函数实现，第一个参数代表排名的分数，第二个参数代表排名的范围，第三个参数代表升序或降序，0 代表降序，1 代表升序。这里第一个参数分数是随着公式位置的变化而变化的，所以单元格地址使用相对引用，而第二个参数排名的范围，公式填充时始终保持不变，因此单元格地址使用绝对引用。

（2）在学期成绩分析表中使用公式和函数

1）计算分数段人数。

① 选择单元格 B3，输入函数“=COUNTIF(数学成绩单!F2:F45,">=108")”，按 Enter 键。

② 选择单元格 C3，输入函数“=COUNTIF(数学成绩单!F2:F45,">=96")-B3”，按 Enter 键。

③ 选择单元格 D3，输入函数“=COUNTIF(数学成绩单!F2:F45,">=84")-B3-C3”，按 Enter 键。

④ 选择单元格 E3，输入函数“=COUNTIF(数学成绩单!F2:F45,">=72")-B3-C3-D3”，按 Enter 键。

⑤ 选择单元格 F3，输入函数“=COUNTIF(数学成绩单!F2:F45,"<72")”，按 Enter 键。

2）计算百分比。

① 选择单元格 B4，输入公式“=B3/SUM($B$3:$F$3)”，按 Enter 键。

② 拖动单元格 B4 右下角的填充柄至单元格 F4，完成公式的填充。

3）筛选最高分、最低分和平均分。

① 选择单元格 B5，输入函数“= MAX(数学成绩单!F2:F45)”，按 Enter 键。

② 选择单元格 D5，输入函数“= MIN(数学成绩单!F2:F45)”，按 Enter 键。

③ 选择单元格 F5，输入函数“=AVERAGE(数学成绩单!F2:F45)”，按 Enter 键。

说明：计算分数段，除了函数 COUNTIF 之外，还可以使用满足多个条件的计数函数 COUNTIFS。

2. 数据有效性

1）选择数学成绩表中的数据区域 C2:E45，单击“数据”|“数据工具”|“数据验证”下拉按钮，在弹出的下拉列表中选择“数据验证”选项。

2）在弹出的“数据验证”对话框中，选择“设置”选项卡，单击“允许”下拉按钮，在弹出的下拉列表中选择“整数”选项，单击“数据”下拉按钮，在弹出的下拉列表中选择“介于”选项。

3）在“最小值”文本框中输入 0，在“最大值”文本框中输入 120，如图 2-48 所示。

4）选择“出错警告”选项卡，在“样式”下拉列表中选择“警告”选项，在“标题”文本框中输入“出错”，在“错误信息”列表框中输入“请输入合法的数据！”，如图 2-49 所示。

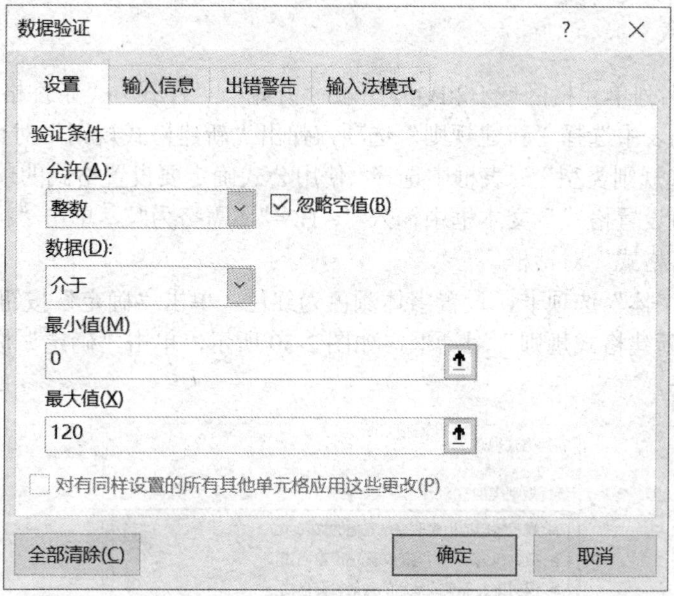

图 2-48 设置数据验证

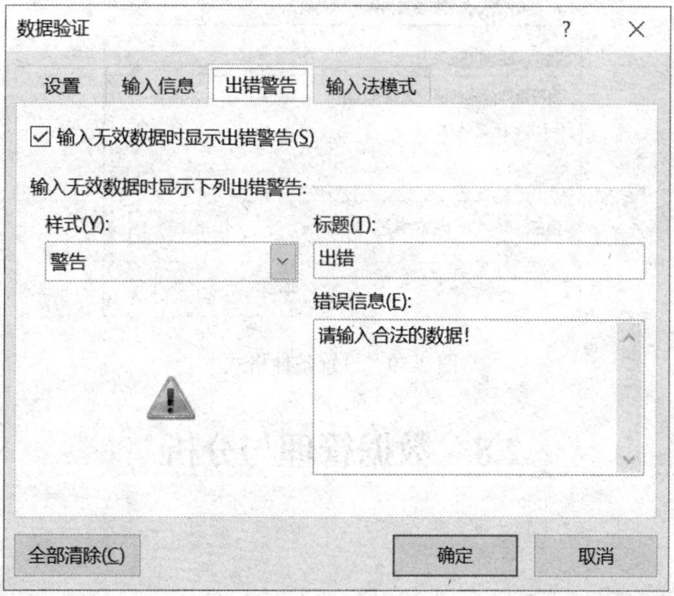

图 2-49 设置出错警告

说明： 在 Excel 中，利用数据验证可以对数据的输入添加一定的限制条件。例如，以上区域通过数据验证的基本设置使单元格只能输入整数，并且在 0～120 范围内，如果超出这个范围，就会弹出警告信息，提醒用户重新输入正确的分数。除了对整数进行数据验证设置之外，还可以对小数、时间、日期等进行设置，而且还能创建下拉列表选项。

3. 条件格式

1）选择姓名列单元格区域 B2:B45，单击“开始”|“样式”|“条件格式”下拉按钮，在弹出的下拉列表中选择“新建规则”选项，弹出“新建格式规则”对话框。

2）在“选择规则类型”列表框中选择“使用公式确定要设置格式的单元格”。在“为符合此公式的值设置格式”文本框中输入“= H2="还需努力"”，单击“格式”按钮，弹出“设置单元格格式”对话框。

3）选择“字体”选项卡，设置字体颜色为红色，单击“确定”按钮。

4）返回“新建格式规则”对话框，如图 2-50 所示，单击“确定”按钮，完成条件格式的设置操作。

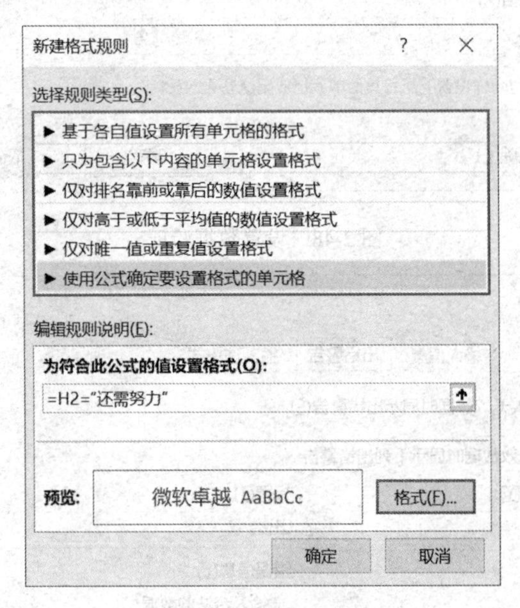

图 2-50 设置条件格式

2.8 数据管理与分析

实训目的

掌握使用分类汇总、筛选和数据透视表等对数据进行统计分析的方法。

实训内容

对“图书销售明细表”中的数据，如图 2-51 所示，完成以下操作。

1）统计每个书店的图书销量。

2）筛选出 2018 年所有书名中含有“语言”类书籍的数据。

3）统计每个书店不同年份的图书销售总额。

	A	B	C	D	E	F	G	H
1	订单编号	日期	书店名称	图书编号	图书名称	单价	销量（本）	小计
2	TS-00001	2018年1月2日	强盛书店	BK-18021	《大学计算机基础》	56	62	3472
3	TS-00005	2018年1月6日	强盛书店	BK-18028	《MS Office高级应用》	59	32	1888
4	TS-00006	2018年1月9日	强盛书店	BK-18029	《计算机网络基础》	65	3	195
5	TS-00000	2018年1月10日	强盛书店	BK-18031	《软件测试技术》	56	3	168
6	TS-00011	2018年1月11日	强盛书店	BK-18023	《C语言程序设计》	62	36	2232
7	TS-00013	2018年1月12日	强盛书店	BK-18036	《数据库原理》	57	43	2451
8	TS-00015	2018年1月15日	强盛书店	BK-18025	《Java语言程序设计》	59	30	1770
9	TS-00016	2018年1月16日	强盛书店	BK-18026	《Access数据库程序设计》	61	43	2623
10	TS-00017	2018年1月16日	强盛书店	BK-18037	《软件工程》	65	40	2600
11	TS-00018	2018年1月17日	强盛书店	BK-18021	《大学计算机基础》	56	44	2464
12	TS-00020	2018年1月19日	强盛书店	BK-18034	《操作系统原理》	59	35	2065
13	TS-00024	2018年1月24日	强盛书店	BK-18030	《数据库技术》	61	32	1952
14	TS-00025	2018年1月25日	强盛书店	BK-18031	《软件测试技术》	56	69	3864
15	TS-00027	2018年1月26日	强盛书店	BK-18022	《Python语言基础》	56	29	1624
16	TS-00028	2018年1月29日	强盛书店	BK-18023	《C语言程序设计》	62	45	2790
17	TS-00029	2018年1月30日	强盛书店	BK-18032	《信息安全技术》	59	4	236
18	TS-00030	2018年1月31日	强盛书店	BK-18036	《数据库原理》	57	7	399
19	TS-00035	2018年2月5日	强盛书店	BK-18030	《数据库技术》	61	30	1830
20	TS-00036	2018年2月6日	强盛书店	BK-18031	《软件测试技术》	56	48	2688
21	TS-00037	2018年2月7日	强盛书店	BK-18035	《计算机组成与接口》	60	3	180
22	TS-00039	2018年2月9日	强盛书店	BK-18023	《C语言程序设计》	62	3	186
23	TS-00041	2018年2月12日	强盛书店	BK-18033	《嵌入式系统开发技术》	66	25	1650

图 2-51 图书销售明细表

1. 分类汇总

统计每个书店的图书销量，可以通过“分类汇总”操作来实现。

1）先对“书店名称”排序分类，将光标定位在“书店名称”列的任意单元格。

2）单击“数据”|“排序和筛选”|“升序”按钮，“书店名称”排序完毕，如图 2-51 所示。

3）进行“分类汇总”，单击“数据”|“分级显示”|“分类汇总”按钮，弹出“分类汇总”对话框。

4）在“分类字段”下拉列表中选择“书店名称”选项，在“汇总方式”下拉列表中选择“求和”选项，在“选定汇总项”列表框中选中“销量（本）”复选框，如图 2-52 所示。

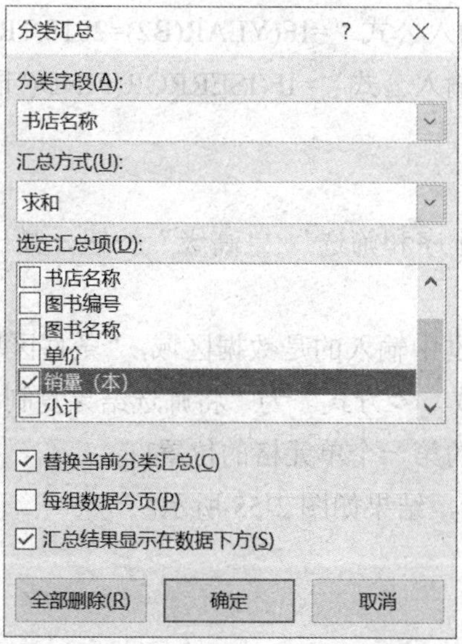

分类汇总 ? ×

分类字段(A):

书店名称

汇总方式(U):

求和

选定汇总项(D):

☐ 书店名称
☐ 图书编号
☐ 图书名称
☐ 单价
☑ 销量（本）
☐ 小计

☑ 替换当前分类汇总(C)

☐ 每组数据分页(P)

☑ 汇总结果显示在数据下方(S)

全部删除(R) 确定 取消

图 2-52 “分类汇总”对话框

5）单击“确定”按钮，如图 2-53 所示，完成统计。

	A	B	C	D	E	F	G	H
1	订单编号	日期	书店名称	图书编号	图书名称	单价	销量（本）	小计
149	TS-00600	2018年7月13日	强盛书店	BK-18036	《数据库原理》	57	49	2793
150	TS-00607	2018年7月23日	强盛书店	BK-18035	《计算机组成与接口》	60	35	2100
151	TS-00600	2018年7月24日	强盛书店	BK-18022	《Python语言基础》	56	20	1120
152	TS-00609	2018年7月25日	强盛书店	BK-18023	《C语言程序设计》	62	62	3844
153	TS-00610	2018年7月25日	强盛书店	BK-18021	《大学计算机基础》	56	62	3472
154	TS-00611	2018年7月26日	强盛书店	BK-18033	《嵌入式系统开发技术》	66	42	2772
155	TS-00612	2018年7月27日	强盛书店	BK-18034	《操作系统原理》	59	9	531
156	TS-00614	2018年7月30日	强盛书店	BK-18028	《MS Office高级应用》	59	5	295
157	TS-00616	2018年7月31日	强盛书店	BK-18030	《数据库技术》	61	5	305
158	TS-00617	2018年8月1日	强盛书店	BK-18031	《软件测试技术》	56	35	1960
159	TS-00618	2018年8月2日	强盛书店	BK-18035	《计算机组成与接口》	60	66	3960
160	TS-00619	2018年8月3日	强盛书店	BK-18022	《Python语言基础》	56	66	3696
161	TS-00620	2018年8月4日	强盛书店	BK-18023	《C语言程序设计》	62	32	1984
162			强盛书店 汇总				5453	
163	TS-00002	2018年1月4日	通达书店	BK-18033	《嵌入式系统开发技术》	66	5	330
164	TS-00003	2018年1月4日	通达书店	BK-18034	《操作系统原理》	59	46	2714
165	TS-00004	2018年1月5日	通达书店	BK-18027	《SQLSERVER数据库程序设计》	60	26	1560
166	TS-00007	2018年1月9日	通达书店	BK-18030	《数据库技术》	61	6	366
167	TS-00009	2018年1月10日	通达书店	BK-18035	《计算机组成与接口》	60	43	2580
168	TS-00019	2018年1月18日	通达书店	BK-18033	《嵌入式系统开发技术》	66	33	2178
169	TS-00021	2018年1月22日	通达书店	BK-18027	《SQLSERVER数据库程序设计》	60	22	1320
170	TS-00022	2018年1月23日	通达书店	BK-18028	《MS Office高级应用》	59	38	2242

图 2-53 汇总结果

说明：如果“分类汇总”命令是灰显状态，则不能使用“分类汇总”功能。选择表格数据区域，单击“设计”|“工具”|“转换为区域”按钮，转换之后，就可以使用“分类汇总”功能了。

2. 筛选

筛选出 2018 年所有书名中含有“语言”类书籍的数据，可以使用“高级筛选”，根据题意，条件区域需要通过公式来实现。

（1）设置筛选条件

1）选择单元格 J2，输入公式“=IF(YEAR(B2)=2018,TRUE,FALSE)”，按 Enter 键。

2）选择单元格 K2，输入公式“=IF(ISERROR(FIND("语言",E2)),FALSE,TRUE)”，按 Enter 键。

（2）高级筛选

1）单击“数据”|“排序和筛选”|“高级”按钮，弹出“高级筛选”对话框，如图 2-54 所示。

2）“列表区域”文本框中输入的是数据区域，“条件区域”文本框中输入的是条件区域（选择$J$1:$K$2 区域），“方式”为“将筛选结果复制到其他位置”，“复制到”文本框中输入的是结果显示的第一个单元格的位置。

3）单击“确定”按钮，结果如图 2-55 所示。

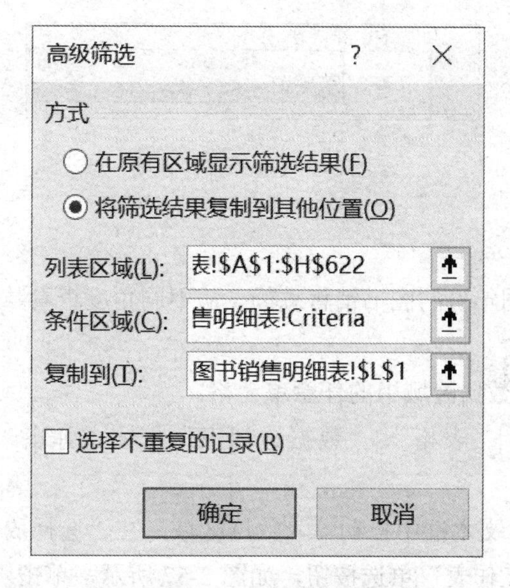

图 2-54 设置高级筛选

L	M	N	O	P	Q	R	S
订单编号	日期	书店名称	图书编号	图书名称	单价	销量（本）	小计
TS-00345	2018年12月28日	通达书店	BK-18022	《Python语言基础》	56	2	112
TS-00598	2018年7月12日	通达书店	BK-18023	《C语言程序设计》	62	50	3100
TS-00601	2018年7月14日	通达书店	BK-18024	《VB语言程序设计》	58	20	1160
TS-00010	2018年1月11日	鑫华书店	BK-18022	《Python语言基础》	56	22	1232
TS-00014	2018年1月13日	鑫华书店	BK-18024	《VB语言程序设计》	58	39	2262
TS-00031	2018年1月31日	鑫华书店	BK-18024	《VB语言程序设计》	58	34	1972
TS-00053	2018年2月23日	鑫华书店	BK-18024	《VB语言程序设计》	58	26	1508
TS-00105	2018年4月25日	鑫华书店	BK-18024	《VB语言程序设计》	58	43	2494
TS-00113	2018年5月2日	鑫华书店	BK-18023	《C语言程序设计》	62	24	1488
TS-00166	2018年6月22日	鑫华书店	BK-18024	《VB语言程序设计》	58	65	3770
TS-00179	2018年7月5日	鑫华书店	BK-18022	《Python语言基础》	56	26	1456
TS-00201	2018年7月28日	鑫华书店	BK-18022	《Python语言基础》	56	33	1848
TS-00213	2018年8月10日	鑫华书店	BK-18023	《C语言程序设计》	62	40	2480
TS-00225	2018年8月24日	鑫华书店	BK-18022	《Python语言基础》	56	45	2520
TS-00237	2018年9月6日	鑫华书店	BK-18023	《C语言程序设计》	62	48	2976
TS-00258	2018年9月27日	鑫华书店	BK-18025	《Java语言程序设计》	59	42	2478
TS-00274	2018年10月17日	鑫华书店	BK-18025	《Java语言程序设计》	59	25	1475
TS-00280	2018年10月23日	鑫华书店	BK-18022	《Python语言基础》	56	46	2576
TS-00312	2018年11月27日	鑫华书店	BK-18022	《Python语言基础》	56	29	1624
TS-00317	2018年12月1日	鑫华书店	BK-18025	《Java语言程序设计》	59	6	354
TS-00324	2018年12月6日	鑫华书店	BK-18023	《C语言程序设计》	62	44	2728
TS-00334	2018年12月18日	鑫华书店	BK-18022	《Python语言基础》	56	66	3696
TS-00335	2018年12月19日	鑫华书店	BK-18023	《C语言程序设计》	62	35	2170
TS-00339	2018年12月24日	鑫华书店	BK-18025	《Java语言程序设计》	59	23	1357
TS-00602	2018年7月16日	鑫华书店	BK-18025	《Java语言程序设计》	59	43	2537

图 2-55 筛选后的结果

说明：条件区域中的条件如果为公式或函数，区域中的条件值只能为“TRUE”和“FALSE”，而且不需要写上标题，但是选择时，必须选择上面的空标题行，如图 2-56 所示。

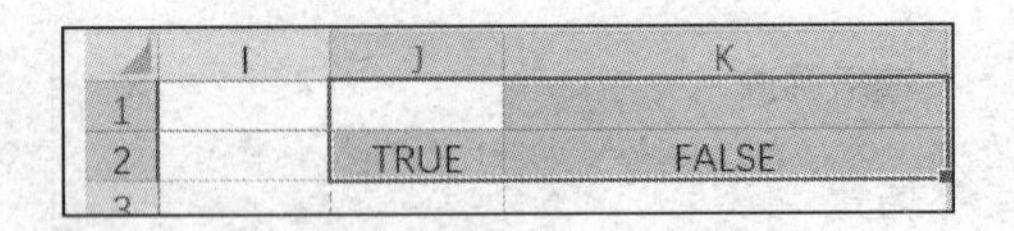

图 2-56　选择条件区域

3. 数据透视表

统计每个书店不同年份的图书销售总额，从不同角度查看数据，可以使用“数据透视表”功能。

1）将光标定位在数据区域中的任意单元格。

2）单击“插入”|“表格”|“数据透视表”按钮，弹出“创建数据透视表”对话框。

3）在“表/区域”文本框中自动输入数据区域，在“选择放置数据透视表的位置”选项组中，选中“新工作表”单选按钮，如图 2-57 所示，单击“确定”按钮。

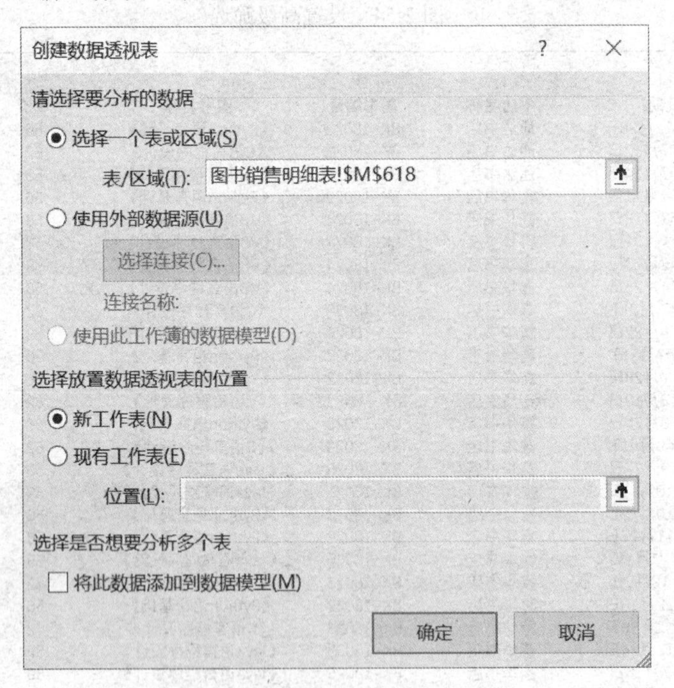

图 2-57　创建数据透视表

4）切换到新建的工作表“Sheet2”，并弹出一个报表框，单击报表框的任意区域，表格右侧弹出“数据透视表字段列表”窗格，这些字段是数据区域的标题内容。

5）在“数据透视表字段列表”窗格中，选中“日期”、“书店名称”和“小计”复选框，生成的报表区域如图 2-58 所示。

	A	B	C	D
1				
2				
3	行标签	求和项:小计		
4	⊟2018年1月2日			
5	强盛书店	3472		
6	⊟2018年1月4日			
7	通达书店	3044		
8	⊟2018年1月5日			
9	通达书店	1560		
10	⊟2018年1月6日			
11	强盛书店	1888		
12	⊟2018年1月9日			
13	强盛书店	195		
14	通达书店	366		
15	⊟2018年1月10日			
16	强盛书店	168		
17	通达书店	2580		
18	⊟2018年1月11日			
19	强盛书店	2232		
20	鑫华书店	1232		
21	⊟2018年1月12日			
22	强盛书店	2451		
23	鑫华书店	4071		
24	⊟2018年1月13日			
25	鑫华书店	2262		
26	⊟2018年1月15日			
27	强盛书店	1770		
28	⊟2018年1月16日			
29	强盛书店	5223		
30	⊟2018年1月17日			
31	强盛书店	2464		
32	⊟2018年1月18日			
33	通达书店	2178		

图 2-58　未组合的报表区域

6）右击报表区域的任意位置，在弹出的快捷菜单中选择“组合”选项。

7）弹出“组合”对话框，在“步长”列表框中选择“年”选项，如图 2-59 所示。

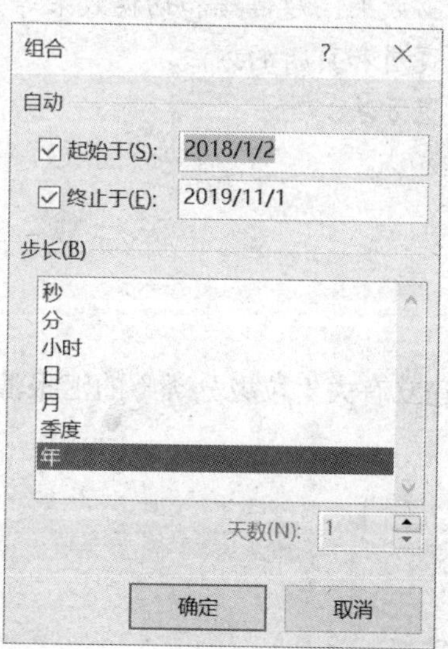

图 2-59　“组合”对话框

8）单击“确定”按钮，生成如图 2-60 所示的报表。

	A	B
1		
2		
3	行标签	求和项:小计
4	⊟2018年	
5	强盛书店	326148
6	通达书店	244812
7	鑫华书店	240460
8	⊟2019年	
9	强盛书店	239913
10	通达书店	142699
11	鑫华书店	186024
12	总计	1380056

图 2-60 组合后的报表

4. 操作训练

1）统计每个书店每本书的销量。
2）统计每个书店不同年每月的销售总额。

2.9 演示文稿的制作

实训目的

1）掌握建立演示文稿的基本过程。
2）学会在幻灯片中插入图片、表格、艺术字、SmartArt 组件等各种对象。
3）掌握对幻灯片设置动画效果、超链接和切换效果等方法。
4）掌握在幻灯片上设置页眉和页脚的方法。
5）掌握幻灯片母版的设置方法。
6）掌握放映演示文稿的方法。

实训内容

1. 内容要求

采用空白演示文稿方式建立有关“垃圾分类”的汇报演示文稿，每张幻灯片标题自定，其中至少包括如下内容。

1）标题。
2）什么是垃圾分类。
3）垃圾产生的原因。
4）如何分类。
5）垃圾分类的意义。
6）你会如何做。
7）总结。

2. 操作训练

按照以下要求制作有关“垃圾分类”的演示文稿。

1）幻灯片中除文字以外，还需要插入图片、表格、SmartArt 组件等对象。

2）对每张幻灯片中的各对象设置动画效果。

3）对每张幻灯片设置切换过渡效果。

4）对部分幻灯片使用超链接。

5）插入背景音乐。

6）在每张幻灯片右上角插入一张“环保标志”的图标。

7）设置幻灯片放映为自动播放。

第 3 章　计算机网络

3.1　Windows 操作系统网络命令

实训目的

1）掌握 Windows 操作系统中常用网络命令的使用方式。

2）熟悉各命令的应用场景。

实训内容

为了提供网络功能，现代主流操作系统都会集成 TCP/IP（transmission control protocol/internet protocol）栈，并且为方便用户的使用，还会基于协议栈给出一些实用的网络命令，如在 Windows 操作系统中，常用的网络命令有 ping、ipconfig、tracert、arp 等。

完成以下命令的应用。

1）应用 ping 命令。

2）应用 ipconfig 命令。

3）应用 tracert 命令。

4）应用 arp 命令。

1. 应用 ping 命令

ping 命令工作的原理是，它向特定的目的主机（由 ping 命令后面的 IP 地址或域名所决定）发送回显请求报文（通俗地讲就是，我给你发送了什么，你就给我发回什么），以测试该站是否可达并了解其有关状态，也就是可用该命令来检测网络是否联通，用以定位网络故障，其具体操作如下。

1）按 Win+R 组合键，在弹出的“运行”对话框的“打开”文本框中输入“cmd”，如图 3-1 所示，单击“确定”按钮，打开命令行终端。

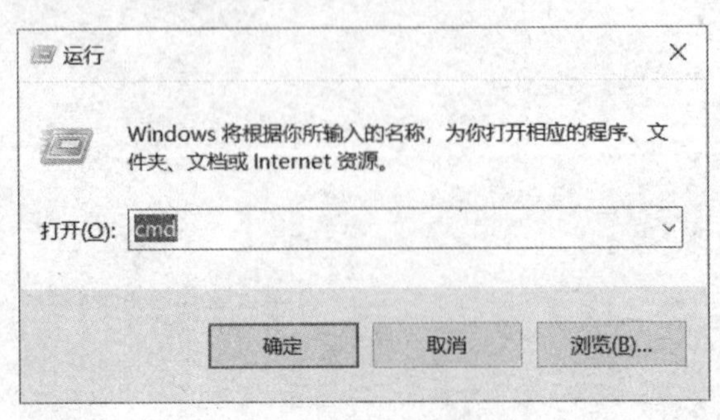

图 3-1　运行“cmd”

2）输入“ping 127.0.0.1”，按 Enter 键，出现如图 3-2 所示的内容，表明 TCP/IP 工作正常。若出现“一般故障。”，则表示 TCP/IP 工作异常或未工作。

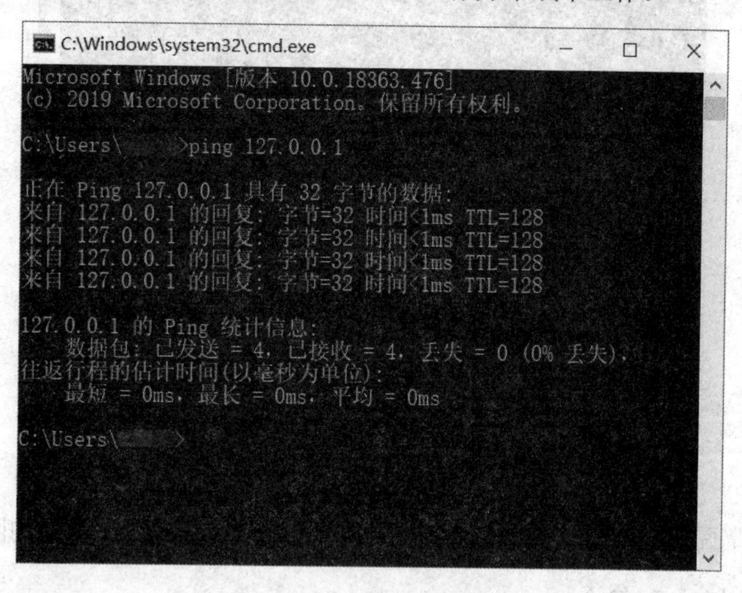

图 3-2 ping 内循环地址

3）输入“ping www.baidu.com”，按 Enter 键，出现如图 3-3 所示的内容，表明此计算机能访问互联网上的百度服务器。

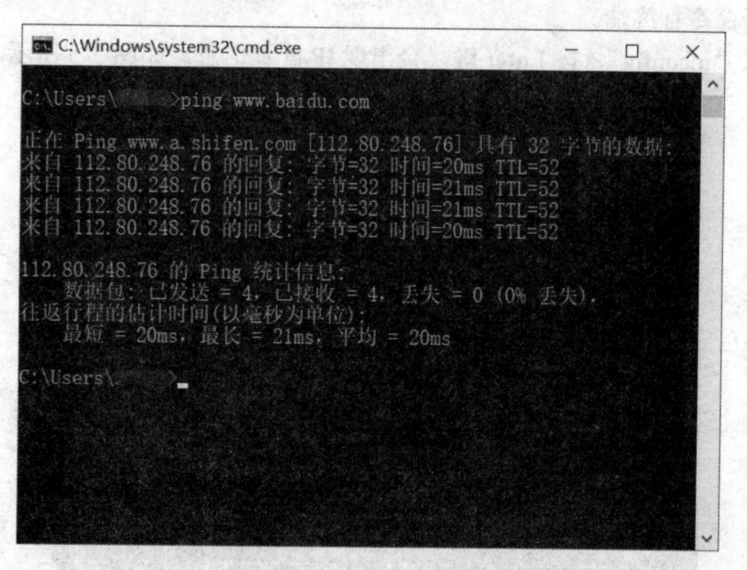

图 3-3 ping 百度服务器

4）输入“ping www.google.com”，按 Enter 键，出现如图 3-4 所示的内容，表明此计算机不能访问谷歌的服务器。

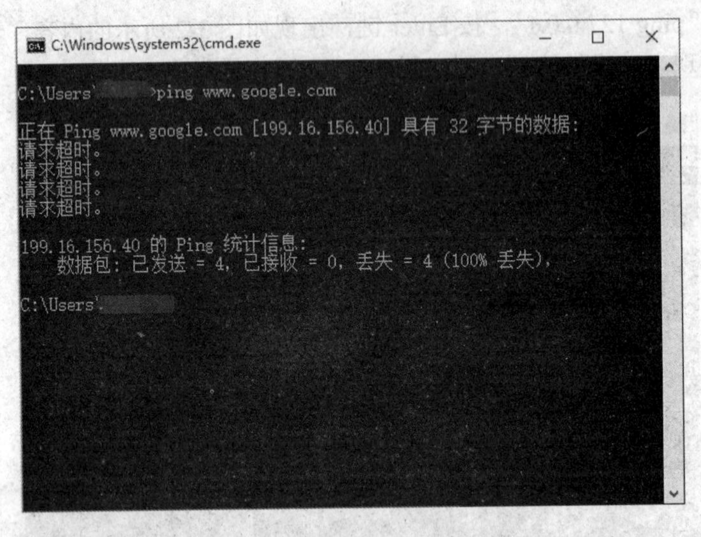

图 3-4 “请求超时”表明不能访问

熟练地掌握 ping 命令可以通过 ping 不同的 IP 地址来排查一些简单的网络错误。

2. 应用 ipconfig 命令

当需要了解本机的网络配置、IP 地址或本地 DNS 缓存时，需要用到 ipconfig 命令，一般操作如下。

1）打开命令行终端。

2）输入“ipconfig”，按 Enter 键，会出现 IP 配置信息，如图 3-5 所示。

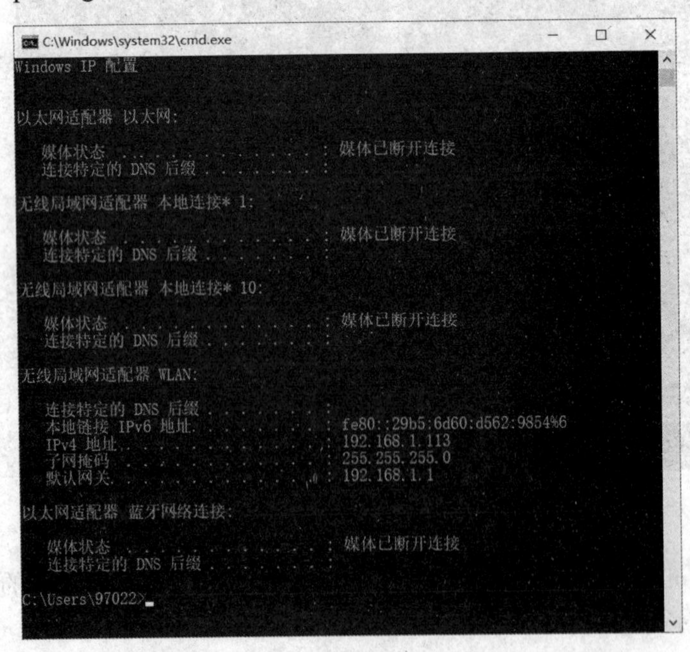

图 3-5 IP 配置信息

3）输入“ipconfig /all”，按 Enter 键，会出现本机所有的 TCP/IP 配置，如图 3-6 所示，图中的“192.168.1.113”是本机的 IP 地址，“AC-2B-6E-D9-0C-BF”则为物理地址。

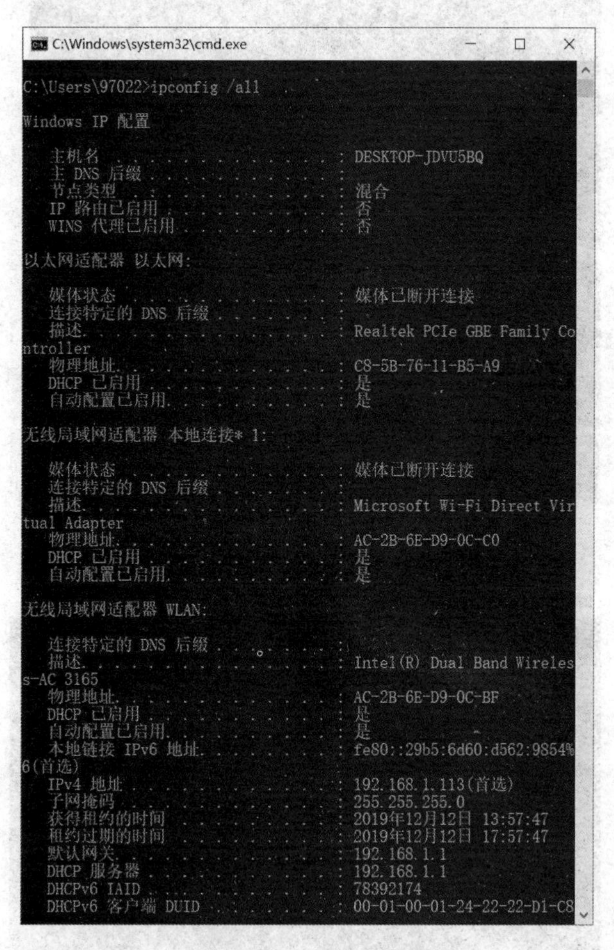

图 3-6　本机 IP 配置

4）输入“ipconfig /displaydns”，按 Enter 键，会出现 DNS 缓存信息，如图 3-7 所示。图 3-7 中显示的“www.baidu.com”为域名，“112.80.248.75”和“112.80.248.76”则为对应的 IP 地址。

3. 应用 tracert 命令

tracert 命令多用来进行路由跟踪，一般用来检测故障的位置。用户可以使用“tracert IP”命令确定数据包在网络上的停止位置，以此来判断在哪个环节出了问题。虽然还是不能确定是什么问题，但可以获取问题所在的位置，方便检测网络中存在的问题。

1）打开命令行终端。

2）输入“tracert www.baidu.com”，按 Enter 键，此时会出现从本机到百度服务器的“跃点”IP 地址，如图 3-8 所示。

```
Microsoft Windows [版本 10.0.18363.535]
(c) 2019 Microsoft Corporation。保留所有权利。

C:\Users\97022>ipconfig /displaydns

Windows IP 配置

    www.baidu.com
    ----------------------------------------
    记录名称. . . . . . . : www.baidu.com
    记录类型. . . . . . . : 5
    生存时间. . . . . . . : 2
    数据长度. . . . . . . : 8
    部分. . . . . . . . . : 答案
    CNAME 记录  . . . . . : www.a.shifen.com


    记录名称. . . . . . . : www.a.shifen.com
    记录类型. . . . . . . : 1
    生存时间. . . . . . . : 2
    数据长度. . . . . . . : 4
    部分. . . . . . . . . : 答案
    A (主机)记录  . . . . : 112.80.248.76


    记录名称. . . . . . . : www.a.shifen.com
    记录类型. . . . . . . : 1
    生存时间. . . . . . . : 2
    数据长度. . . . . . . : 4
    部分. . . . . . . . . : 答案
    A (主机)记录  . . . . : 112.80.248.75


    记录名称. . . . . . . : a.gtld-servers.net
    记录类型. . . . . . . : 1
    生存时间. . . . . . . : 2
    数据长度. . . . . . . : 4
```

图 3-7　DNS 缓存信息

```
C:\Windows\system32\cmd.exe

C:\Users\[illegible]>tracert www.baidu.com

通过最多 30 个跃点跟踪
到 www.a.shifen.com [112.80.248.75] 的路由:

  1     2 ms     1 ms     1 ms  192.168.1.1
  2     *        *        *     请求超时。
  3     6 ms     1 ms     3 ms  172.30.0.1
  4     2 ms     3 ms     4 ms  10.10.240.253
  5     3 ms     4 ms     4 ms  58.19.230.65
  6     5 ms     2 ms     *     61.242.166.9
  7    34 ms    30 ms    30 ms  58.19.229.41
  8    34 ms    25 ms    28 ms  219.158.17.78
  9    70 ms    76 ms    64 ms  221.6.1.250
 10    37 ms    20 ms    32 ms  58.240.96.22
 11     *        *        *     请求超时。
 12    19 ms    18 ms    20 ms  112.80.248.75

跟踪完成。

C:\Users\[illegible]>
```

图 3-8　本机到百度服务器的“跃点”IP 地址

在向百度服务器发送数据包时，依次经过了图 3-8 所示的 IP 地址的转发，最终到达百度服务器。

4. *应用 arp 命令*

arp 命令用于操作主机的 ARP 缓冲区，它可以显示 ARP 缓冲区中的所有条目、删除指定的条目或添加静态的 IP 地址与 MAC 地址的对应关系。

1）打开命令行终端。

2）输入“arp -a”，查看 ARP 解析缓存，如图 3-9 所示。

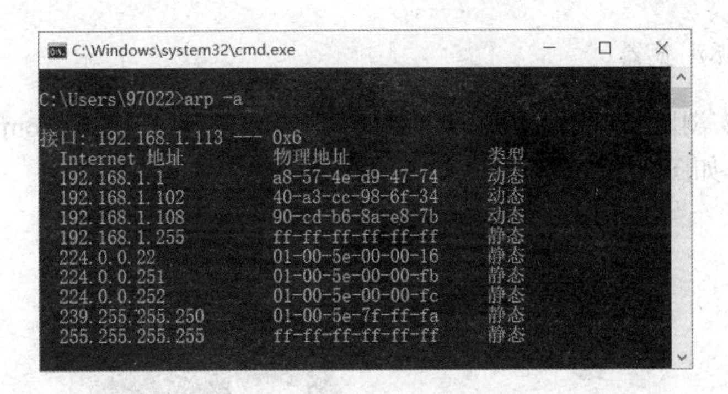

图 3-9　ARP 缓存

图 3-9 所示的第一列为 IP 地址，第二列为该 IP 地址对应的 MAC 地址，第三列为该 IP 地址的类型。除此之外，用户还可手动地添加和删除 IP 地址到 MAC 地址的映射。

3.2　Firefox 浏览器的使用

实训目的

1）掌握 Firefox 浏览器的安装方法。
2）掌握 Firefox 浏览器书签的添加及使用方法。
3）掌握 Firefox 浏览器地址栏搜索引擎的设置方法。
4）掌握 Firefox 浏览器主页的设置方法。
5）掌握 Firefox 浏览器附加组件的使用方法。

实训内容

常见的浏览器有 IE 浏览器、Mozilla Firefox 浏览器、Google Chrome 浏览器、360 安全浏览器、QQ 浏览器等。

Mozilla Firefox 浏览器（中文名：火狐浏览器）是一个开源的网页浏览器，支持多种操作系统，如 Windows、Mac OS 和 Linux 等。常见浏览器的使用方式包括安装、书签的使用、设置地址栏默认搜索引擎、设置主页、安装附加组件等。例如，Dark Reader 组件可用来开启夜间阅读模式，缓解眼睛疲劳，保护视力。uBlock Origin 组件可用来拦截广告、过滤页面元素。Addons.mozilla.org（简称 AMO）是 Mozilla 的官方站点，方便开发者发布附加组件或用户查找已发布的扩展组件。

现以 Mozilla Firefox 浏览器为例，完成以下操作。

1）安装火狐浏览器。
2）使用浏览器书签。
3）设置浏览器地址栏搜索引擎。
4）设置浏览器主页。
5）安装与使用广告拦截组件。

1. 安装火狐浏览器

1）打开 IE 浏览器，进入火狐浏览器主页（http://www.firefox.com.cn/），单击“立即下载”按钮，如图 3-10 所示。

图 3-10 下载火狐浏览器

2）双击下载好的文件，等待安装完成，如图 3-11 所示。

图 3-11 安装火狐浏览器

3）安装完成后的火狐浏览器图标如图 3-12 所示。

图 3-12 火狐浏览器图标

2. 使用浏览器书签

浏览器中的书签是在浏览某个网页时保持的网页地址，便于以后再次访问。

1）打开火狐浏览器，进入淘宝主页（www.taobao.com），如图 3-13 所示。

图 3-13　淘宝主页

2）按 Ctrl+D 组合键，在弹出的“新建书签”对话框中单击“完成”按钮，将当前网页添加到书签，如图 3-14 所示。

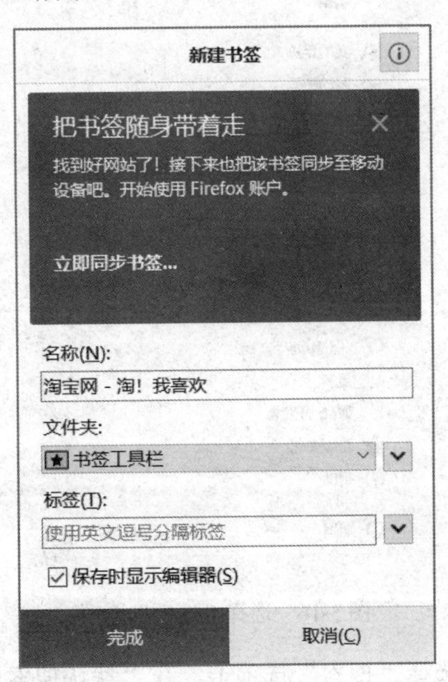

图 3-14　添加书签

3）此时书签出现在地址栏的下方，如图3-15所示。

图3-15 新添加的书签

3. 设置浏览器地址栏搜索引擎

一般地，在搜索时需要打开特定的网站进行搜索，如百度、搜狗等，火狐浏览器可以将网站设置在地址栏中直接搜索，具体步骤如下。

1）打开火狐浏览器，选择“工具”下拉列表中的“选项”选项，如图3-16所示。

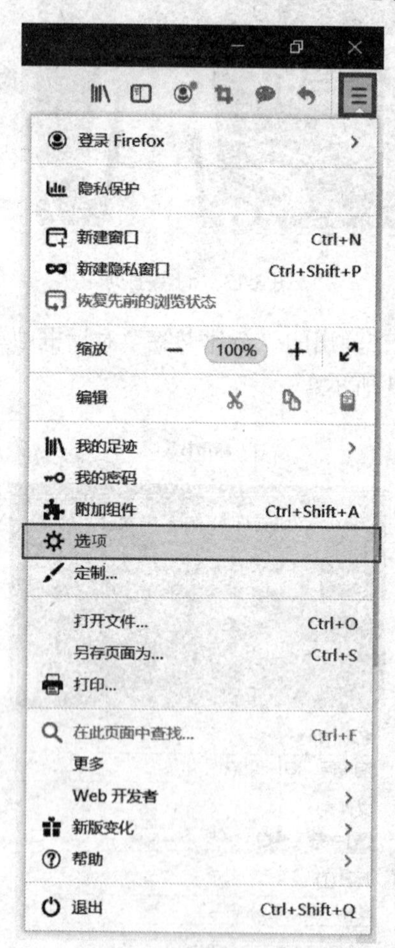

图3-16 选择“选项”选项

2）在打开的界面中选择“搜索”选项卡，在“默认搜索引擎”下拉列表中切换搜索引擎即可，如图3-17所示。

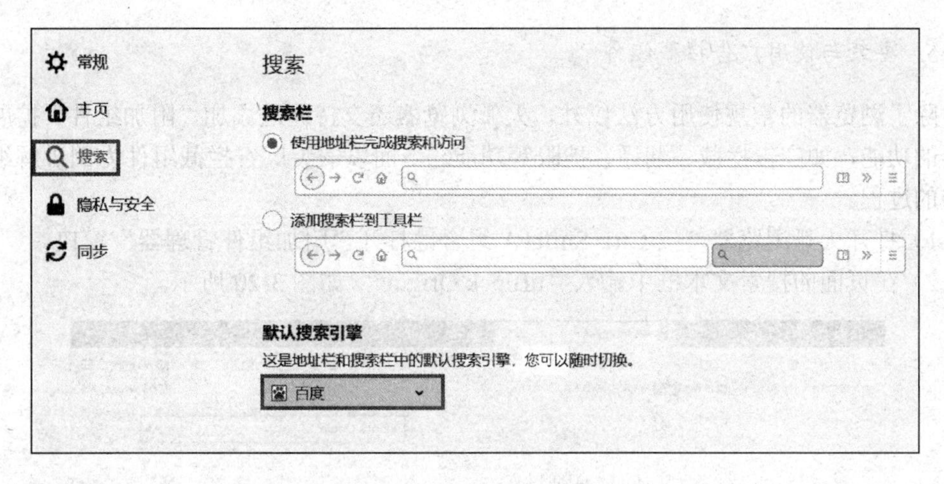

图 3-17　设置地址栏搜索引擎

4. 设置主页

打开浏览器时会自动访问主页，可将主页设置为常用的网站以便于平时使用，具体步骤如下。

1）打开火狐浏览器，选择“工具”下拉列表中的“选项”选项。

2）在打开的界面中选择“主页”选项卡，在“自定义网址”文本框中输入网址即可，如图 3-18 所示。

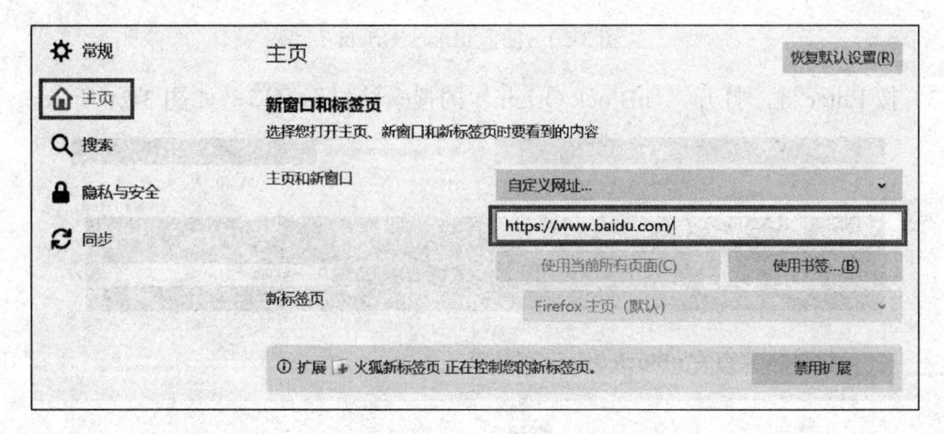

图 3-18　设置主页

3）单击浏览器上方的“主页”按钮，即可进入设置的主页，如图 3-19 所示。

图 3-19　“主页”按钮

5. 安装与使用广告拦截组件

除了浏览器的常规使用方法以外，火狐浏览器还支持通过添加“附加组件”扩展浏览器的功能，如广告拦截、翻译、护眼等功能。下面以安装广告拦截组件为例讲解组件安装的过程。

1）打开火狐浏览器，按 Ctrl+Shift+A 组合键打开“附加组件管理器”窗口。

2）在页面的搜索文本框中输入“uBlock Origin”，如图 3-20 所示。

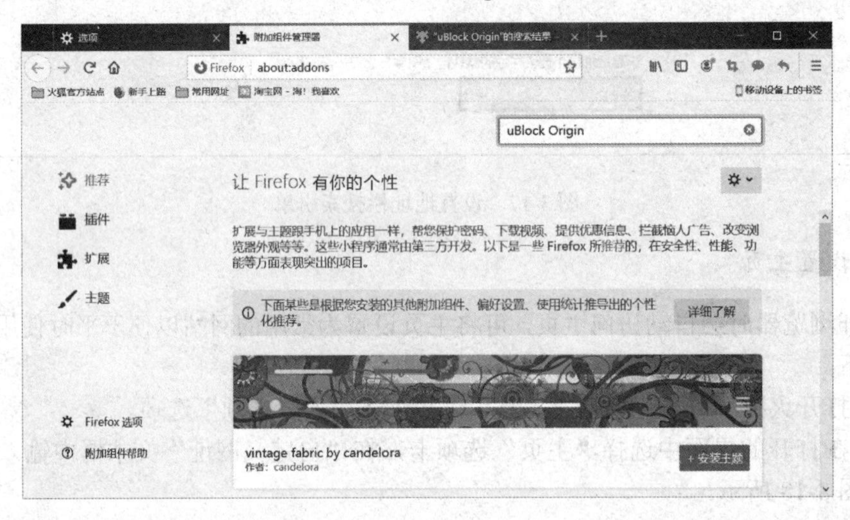

图 3-20　搜索 uBlock Origin

3）按 Enter 键，打开“‘uBlock Origin’的搜索结果”窗口，如图 3-21 所示。

图 3-21　搜索结果

4）单击“uBlock Origin”链接，打开“uBlock Origin-下载 Firefox 扩展（zh-CN）”窗口，如图 3-22 所示。

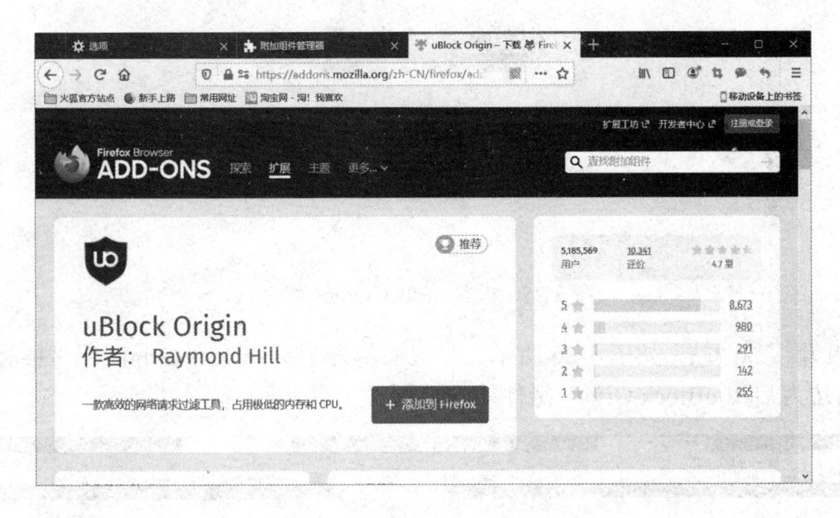

图 3-22　添加 uBlock Origin

5）单击图 3-22 中的“添加到 Firefox”按钮，弹出“添加 uBlock Origin？”提示信息，如图 3-23 所示。

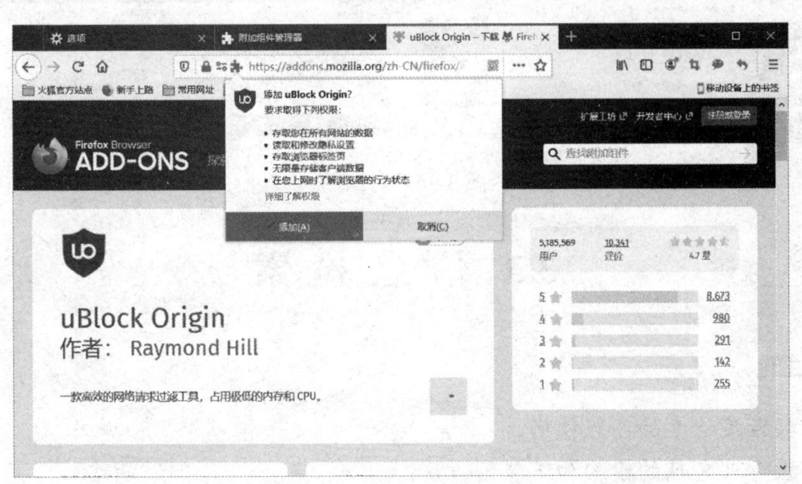

图 3-23　“添加 uBlock Origin？”提示信息

6）单击“添加”按钮，确认添加 uBlock Origin，添加成功后如图 3-24 所示，可发现工具栏多出一个名为 uBlock Origin 的按钮 。单击该按钮，在其下方会显示如图 3-25 所示的信息，单击“电源”标记 ，可禁用或启用 uBlock Origin 组件。

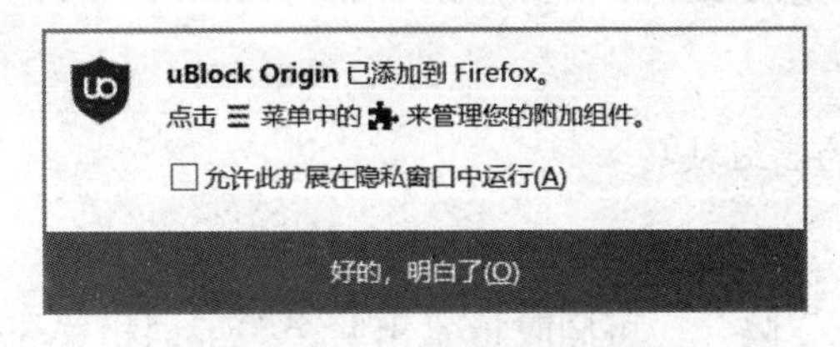

图 3-24　成功添加提示框

图 3-25　设置 uBlock Origin 组件

7）打开搜狐网站，如图 3-26 所示，左边显示为禁用 uBlock Origin 组件的搜狐网站主页，右边为启用 uBlock Origin 组件的搜狐网站主页。

图 3-26　对比图

3.3 信息检索

实训目的

1）掌握百度检索的高级技巧。
2）掌握专业文献的检索和下载的方法。

实训内容

常见的搜索引擎有百度、搜狗、谷歌、360、雅虎等。常规的搜索方式能满足大多数时候的需求，当搜索一些关键词时会显示出相关但又不需要的一些条目，此时运用检索的高级技巧可提高检索的效率。需要检索专业的文献时，就需要上中国知网、SCI、EI 等专业的网站进行检索。

1. 应用百度检索的高级技巧

（1）并行搜索
将两个关键词用“|”隔开，可同时检索出两个关键词相关的信息，具体操作如下。打开浏览器，在搜索栏中输入“棉被 | computer”，搜索结果包括棉被和 computer

两个内容，如图 3-27 所示。

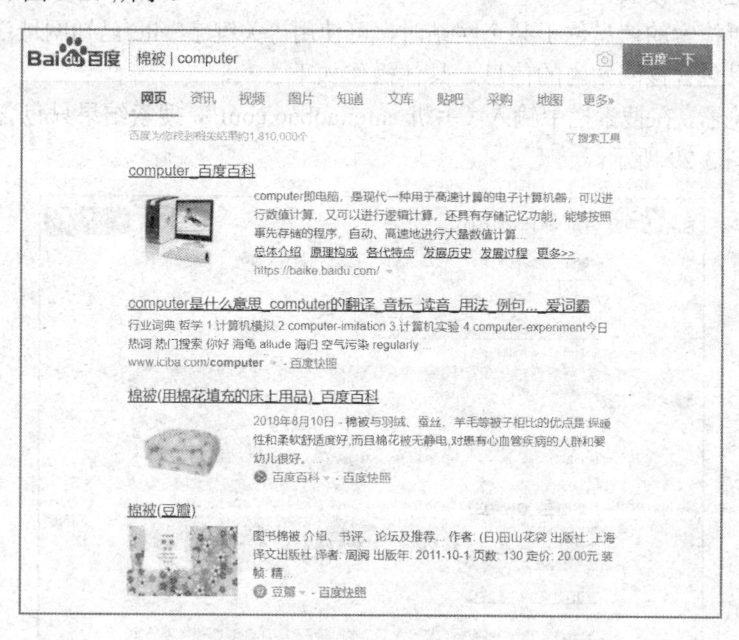

图 3-27 并行搜索

（2）消除无关性搜索

将两个关键词用“-”号隔开，如“关键词 1-关键词 2”检索出的内容中包含关键词 1，但不包含关键词 2，常用于检索中排除有关联的无用信息，具体步骤如下。

打开浏览器，在搜索栏中输入“Windows-Windows10”，搜索结果将不包括“Windows10”的内容，如图 3-28 所示。

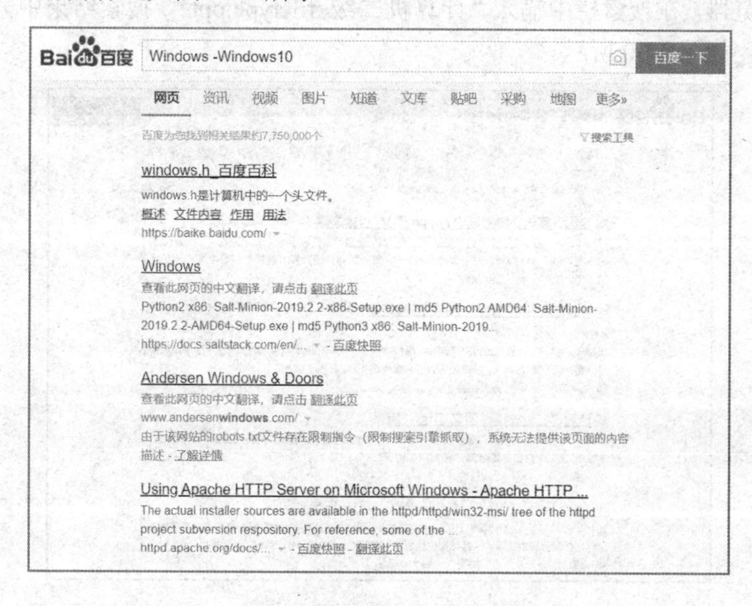

图 3-28 消除无关性搜索

（3）指定网站搜索

当已知所检索的信息位于某个网站时，可使用“关键字 site:已知网址”来检索，检索出的信息只包含该网站内的信息，具体操作如下。

打开浏览器，在搜索栏中输入“手机 site:taobao.com”，搜索结果只包含淘宝网站中的内容，如图 3-29 所示。

图 3-29　指定网站搜索

（4）文件类型限制搜索

当需要检索特定格式的资源时，使用“关键词 filetype:文件格式”，检索出的内容格式均是该文件格式的形式，具体操作如下。

打开浏览器，在搜索栏中输入“计算机二级 filetype:ppt”，搜索结果中只包含了 ppt 格式的网页，如图 3-30 所示。

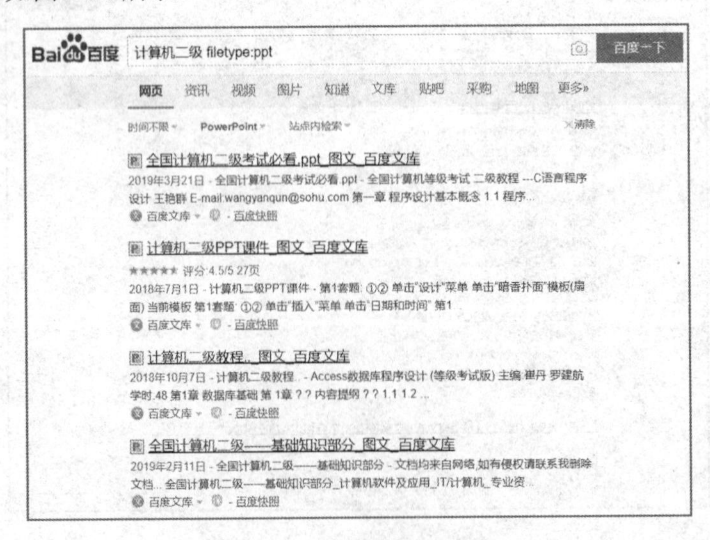

图 3-30　文件类型限制搜索

2. 检索和下载专业文献

1）中国知网：中国知识基础设施工程（China National Knowledge Infrastructure，CNKI），其网址为 https://www.cnki.net/。CNKI 工程是以实现全社会知识资源传播共享与增值利用为目标的信息化建设项目，由清华大学、清华同方发起，始建于 1999 年 6 月。其涵盖资源的主要类型包括研究型的资源，有期刊、学位论文、会议论文、专利、国家标准、行业标准、项目成果、国家法律、地方法规、案例、年鉴、报纸、数据、图谱；学习型的资源有各种字词典、各种互译词典、专业百科、专业辞典、术语；阅读型的资源有文学、艺术作品与评论，文化生活期刊。中国知网的检索栏如图 3-31 所示。

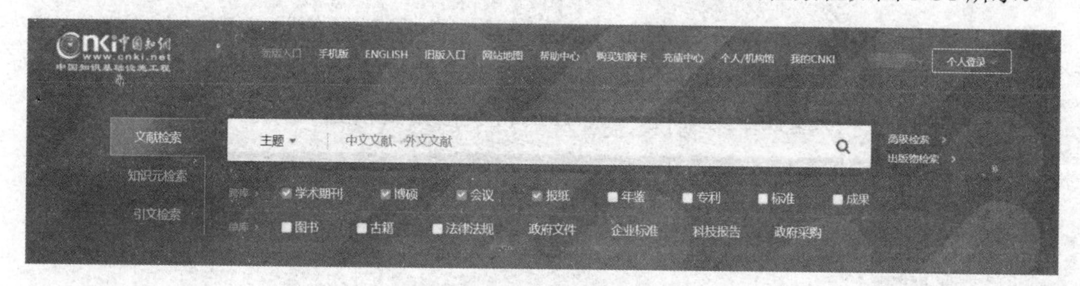

图 3-31　中国知网的检索栏

① 进入知网，搜索“人工智能”。

② 选择一篇感兴趣的文章，下面会出现两个下载按钮，如图 3-32 所示。

图 3-32　下载按钮

③ 单击相应的下载按钮（若是 CAJ 下载，则需要下载对应的阅读器）即可。

注意：一般高校会购买 CNKI 的相关资源，此时可直接通过学校 IP 进入下载。

2）OnePetro：其网址为 https://www.onepetro.org/。OnePetro 数据库收录了石油工程师学会、美国石油学会、美国岩石力学协会、美国安全工程师学会等 18 个机构的文献资源，包括矿藏勘探、地质学、钻井、测井、油藏工程、采油工艺、油井完井、计算机应用等学科专业。OnePetro 的检索栏如图 3-33 所示。

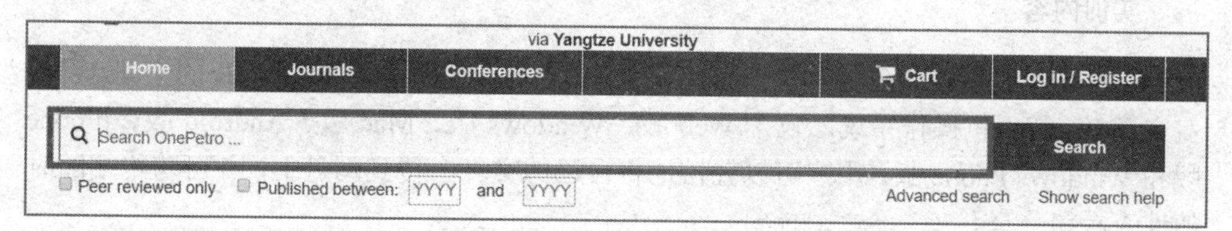

图 3-33　OnePetro 的检索栏

3）EI：Engineering Index，简称 EI，其网址为 https://www.engineeringvillage.com/，

EI 收录了美、英、加、德、日、法等 50 多个国家、15 种文字的有关工程技术方面的文献。其主要内容包括化工、农业、生物工程、环境、地质、土木、燃料工程、石油、冶金、矿产、仪表数据、工业管理、核能、宇航工程、汽车与机车、控制工程、电工与电子等。EI 的检索栏如图 3-34 所示。

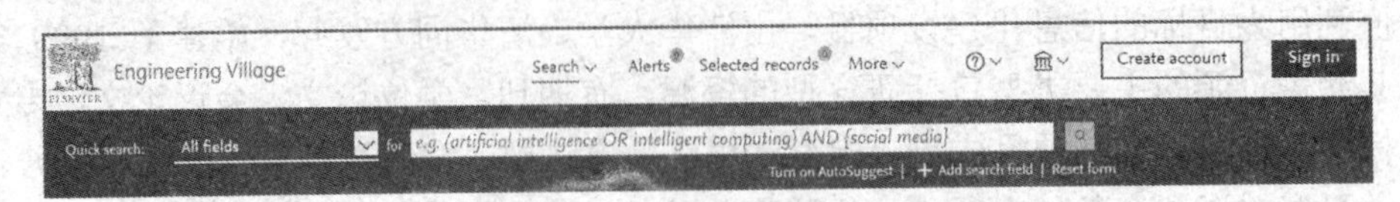

图 3-34　EI 的检索栏

4）SCI：SCI（Science Citation Index）是一个国际性的检索网站，其网址为 http://apps.webofknowledge.com/，SCI 的内容包括自然科学、生物、医学、农业、技术和行为科学等，其主要侧重基础科学。SCI 的检索栏如图 3-35 所示。

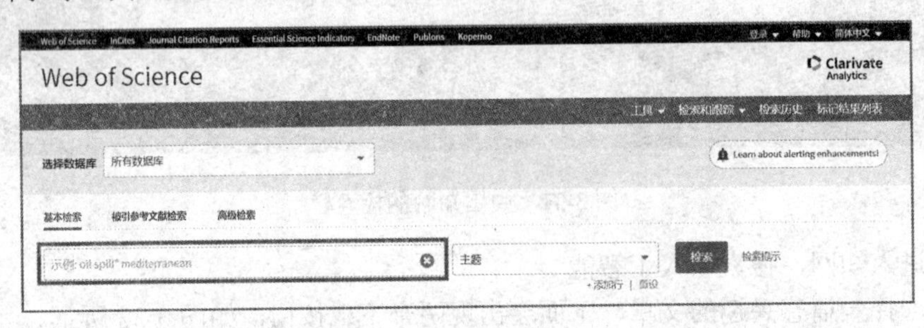

图 3-35　SCI 的检索栏

请分别登录上述网站，尝试检索与自身专业相关的关键词。

3.4　云　　盘

实训目的

1）掌握百度网盘的检索方法。
2）掌握百度网盘的下载方法。

实训内容

百度网盘是百度推出的一项云存储服务，首次注册即有机会获得 2TB 的空间，已覆盖主流 PC 和手机操作系统，包含 Web 版、Windows 版、Mac 版、Android 版、iPhone 版和 Windows Phone 版。用户可以轻松地将自己的文件上传到网盘上，并可跨终端随时随地查看和分享。

为了更好地从网上获取到资源，需要掌握百度网盘资源的检索与下载方法。

1）检索百度网盘资料。
2）下载百度网盘资料。

1. 检索百度网盘资料

1）进入百度搜索页面。

2）在需要搜索的关键词后面加上空格和“百度网盘”即可，如图 3-36 所示。

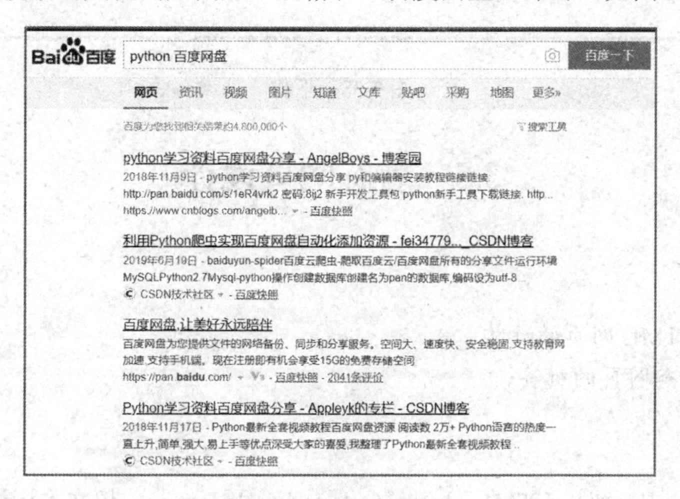

图 3-36　百度网盘检索

2. 下载百度网盘资料

百度网盘中共享出来的资料是以类似下面这种方式给出的“链接：https://pan.baidu.com/s/1DVEVYThYuBexEbxJUwzw_g 提取码：qe51”。

1）复制上述链接到浏览器地址栏，按 Enter 键。

2）输入提取码“qe51”，单击“提取文件”按钮，如图 3-37 所示。

图 3-37　输入提取码

3）登录后单击“下载”按钮，如图 3-38 所示。

图 3-38 下载

3.5 静态网页设计

实训目的

1）了解 HTML 网页的结构。
2）熟悉静态网页的标签。

实训内容

在网站设计中，纯粹 HTML（hyper text markup language，超文本标记语言）格式的网页通常被称为静态网页，它的文件扩展名是.htm、.html，可以包含文本、图像、声音、Flash 动画、客户端脚本和 ActiveX 控件及 Java 小程序等。

下面以简单的登录界面为例，完成静态网页的设计。

1）创建一个文本文件，命名为“demo.txt”。

2）将如下代码写入“demo.txt”文本文件中，如图 3-39 所示。

```
<!DOCTYPE html>
<html>
<head>
    <title>我的第一个网页</title>
    <meta charset="utf-8">
</head>
<body>
<form>
    <div style="margin: 0 auto;width:max-content;margin-top: 300px">
        <div>
            <label>用户名:</label>
            <input type="text" placeholder="请输入用户名">
        </div>
        <div>
            <label>密    码:</label>
            <input type="password" placeholder="输入密码">
        </div>
        <div>
```

```
            <label>确认密码</label>
            <input type="password" placeholder="确认密码">
        </div>
        <input type="button" name="" value="提交">
        <input type="button" name="" value="重置">
    </div>
</form>
</body>
</html>
```

*demo.txt - 记事本

文件(F)　编辑(E)　格式(O)　查看(V)　帮助(H)

```
<html>
<head>
  <title>我的第一个网页</title>
  <meta charset="utf-8">
</head>
<body>
<form>
  <div style="margin: 0 auto;width:max-content;margin-top: 300px">
    <div>
      <label>用户名：</label>
      <input type="text" placeholder="请输入用户名">
    </div>
    <div>
      <label>密    码：</label>
      <input type="password" placeholder="输入密码">
    </div>
    <div>
      <label>确认密码</label>
      <input type="password" placeholder="确认密码">
    </div>
    <input type="button" name="" value="提交">
    <input type="button" name="" value="重置">
  </div>
</form>
</body>
</html>
```

第 13 行，第 15 列　100%　Windows (CRLF)　UTF-8

图 3-39　html 代码

3）保存并退出，将“demo.txt”重命名为“demo.html”，如图 3-40 所示。

图 3-40　重命名

4）双击打开，即可在浏览器中看到一个静态的登录界面，如图 3-41 所示。

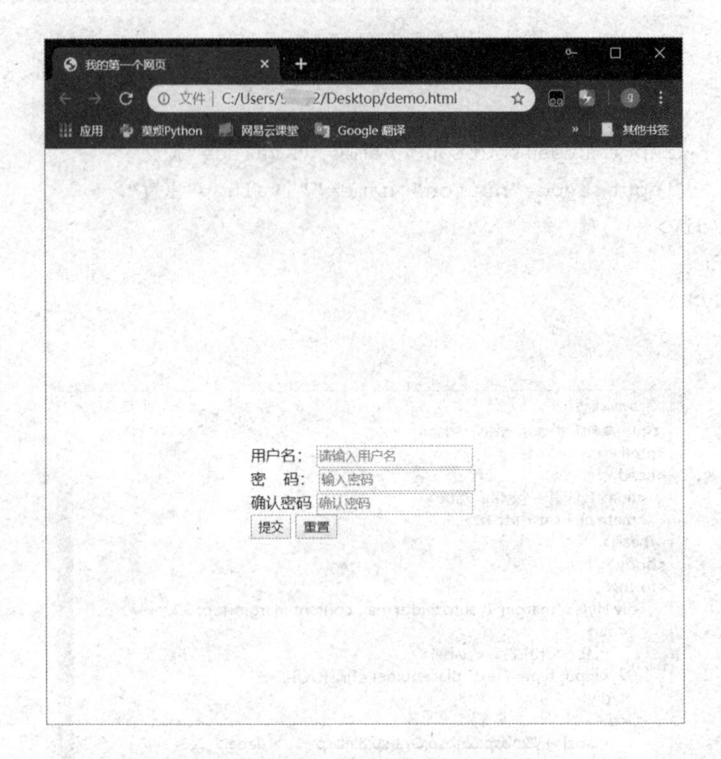
我的第一个网页
文件 | C:/Users/ 2/Desktop/demo.html
应用
莫烦Python
网易云课堂
Google 翻译
其他书签
用户名：
请输入用户名
密　码：
输入密码
确认密码
确认密码
提交
重置

图 3-41　静态登录界面

第 4 章　Access 数据库应用

4.1　创建图书管理数据库

实训目的

1）掌握 Access 数据库的设计与创建方法。

2）掌握数据表的创建方法。

3）掌握字段属性的设置方法。

实训内容

图书管理系统涉及读者和图书两个实体。读者实体包含借书证号、姓名、学院和办证日期等属性；图书实体包含图书编号、书名、作者、出版社和单价等属性；每个读者可以借阅多本图书，同一时刻每本图书只能被一个读者借阅；读者在借书与还书时，系统要记录相应的借书日期和还书日期。

经分析，可在该图书管理系统的数据库中设计 3 个表：读者表、图书表和借阅表，分别用于存储读者的基本信息、图书的基本信息及读者的借阅信息。其表结构分别如表 4-1～表 4-3 所示。

表 4-1　读者表的结构

字段名称	数据类型	字段大小	备注
借书证号	短文本	6	主键
姓名	短文本	4	—
学院	短文本	10	—
办证日期	日期/时间	—	—

表 4-2　图书表的结构

字段名称	数据类型	字段大小	备注
图书编号	短文本	6	主键
书名	短文本	30	—
作者	短文本	30	—
出版社	短文本	30	—
单价	数字	—	保留两位小数

表 4-3 借阅表的结构

字段名称	数据类型	字段大小	备注
流水号	自动编号	—	主键
借书证号	短文本	6	—
图书编号	短文本	6	—
借书日期	日期/时间	—	—
还书日期	日期/时间	—	—

1. 创建图书管理数据库

假设将图书管理数据库存放在“D:\图书管理系统”文件夹中。

启动 Access 2016，可以看到默认的启动窗口，选择“空白桌面数据库”选项，在弹出的对话框中修改数据库文件名及存放路径，修改后如图 4-1 所示。

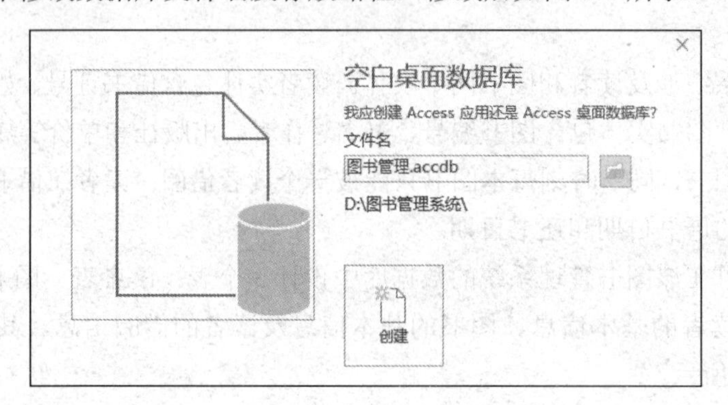

图 4-1 新建数据库

单击“创建”按钮，图书管理数据库就创建好了，并处于打开状态，如图 4-2 所示，接下来就可以创建数据表了。

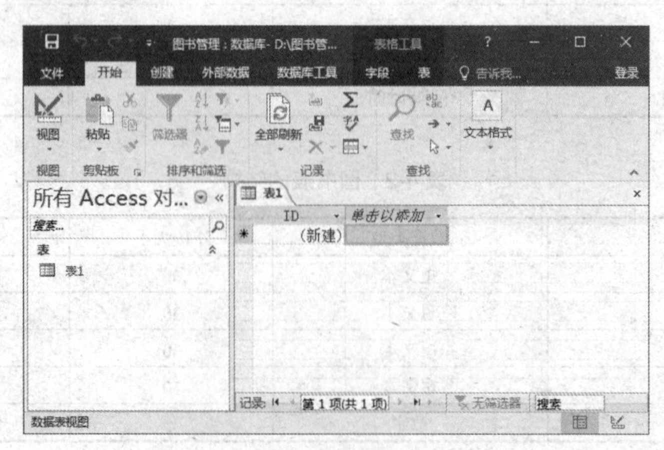

图 4-2 已新建的图书管理数据库

2. 创建表

Access 2016 提供两种创建表的方法：一种是创建空表，另一种是使用设计视图创建表。使用设计视图创建表是最常用、最灵活的方法。

下面以使用设计视图创建表的方法来创建读者表并向该表中添加数据。读者表的结构如表 4-1 所示。

（1）使用设计视图创建读者表

在图 4-2 所示的窗口中，右击“表 1”，在弹出的快捷菜单中选择“设计视图”选项，弹出“另存为”对话框。输入表名称“读者表”，单击“确定”按钮，在读者表的设计视图窗口中依次输入各字段的字段名称、数据类型及常规属性等。右击“借书证号”字段所在的行，在弹出的快捷菜单中选择“主键”选项，将“借书证号”字段设置为主键，该字段的前面会出现一个关键字图标，创建完成后的读者表如图 4-3 所示。

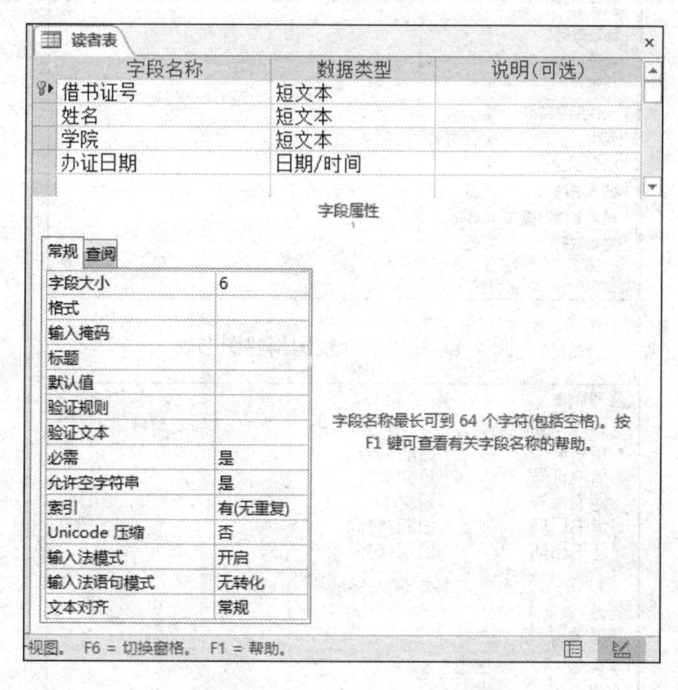

图 4-3　使用设计视图创建读者表

（2）使用设计视图创建图书表

在数据库窗口中选择“创建”选项卡，单击“表格”选项组中的“表设计”按钮，打开表的设计视图窗口，依次输入图书表的各字段的字段名称、数据类型及常规属性等，将“图书编号”字段设置为主键。单击快速访问工具栏中的“保存”按钮，或者选择“文件”菜单中的“保存”选项，在弹出的“另存为”对话框中输入表名称“图书表”，单击“确定”按钮。创建完成的图书表如图 4-4 所示。

（3）使用设计视图创建借阅表

和创建图书表的操作类似，创建完成后的借阅表如图 4-5 所示。借阅表的第一个字段“流水号”的数据类型为自动编号，表示该字段的取值从 1 开始，每次递增 1。

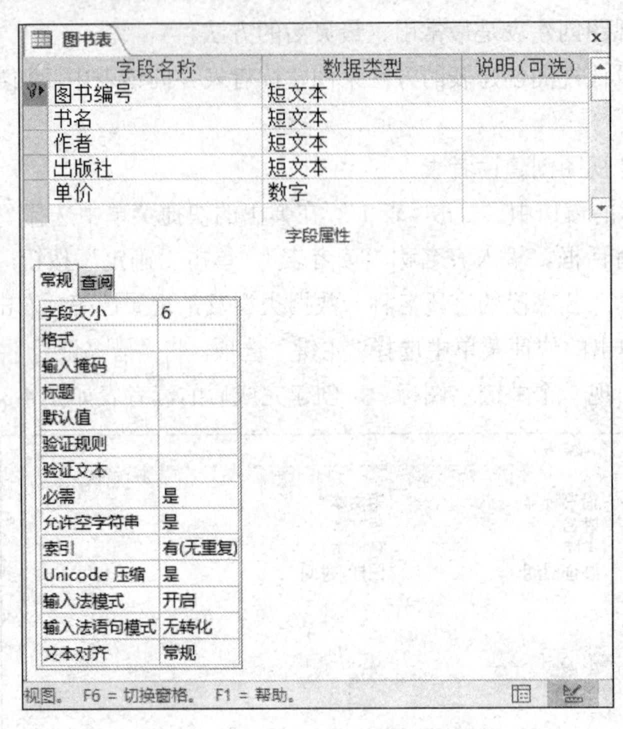

图 4-4 使用设计视图创建图书表

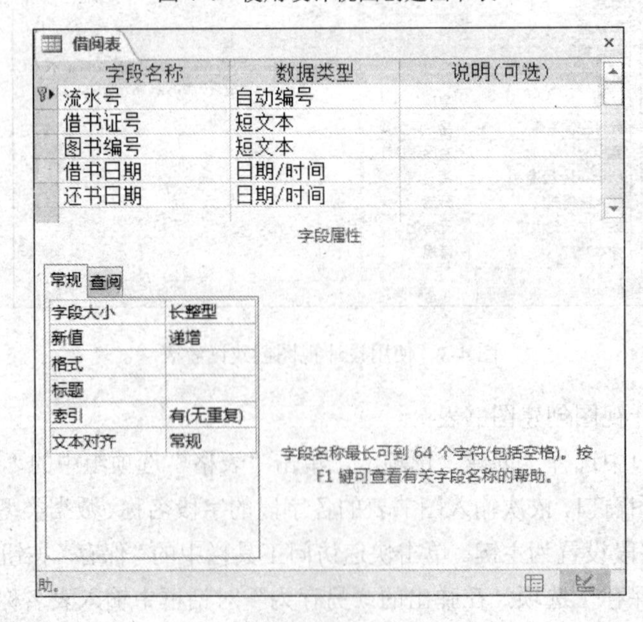

图 4-5 使用设计视图创建借阅表

3. 创建表间的联系

1）单击“数据库工具”选项卡“关系”选项组中的“关系”按钮，弹出“显示表”对话框，如图 4-6 所示。

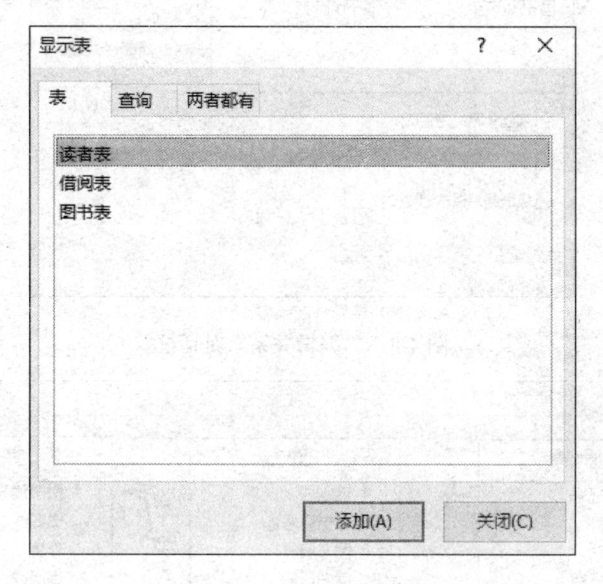

图 4-6　“显示表”对话框

2）依次添加读者表、借阅表和图书表，然后关闭“显示表”对话框，得到如图 4-7 所示的“关系”设计视图。

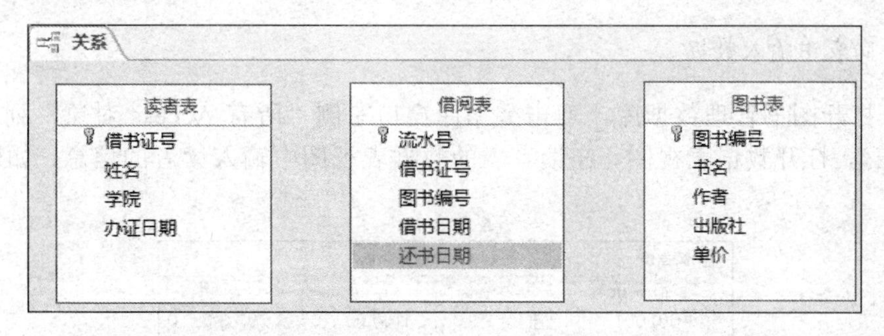

图 4-7　“关系”设计视图

3）单击“读者表”中的“借书证号”字段，按住鼠标左键不放，将其拖到“借阅表”中的“借书证号”字段上后释放鼠标左键，弹出如图 4-8 所示的“编辑关系”对话框。选中“实施参照完整性”“级联更新相关字段”“级联删除相关记录”3 个复选框，单击“创建”按钮，即可创建读者表和借阅表之间的一对多联系。

4）采用同样的方法，创建图书表与借阅表之间的一对多联系，如图 4-9 所示。单击快速访问工具栏中的“保存”按钮，保存该关系。

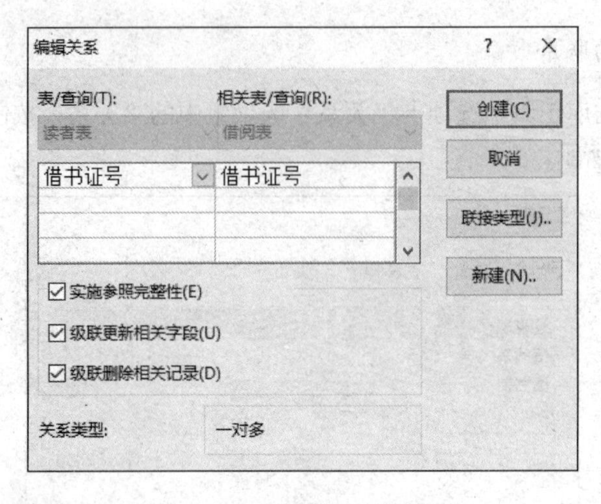

图 4-8 “编辑关系”对话框

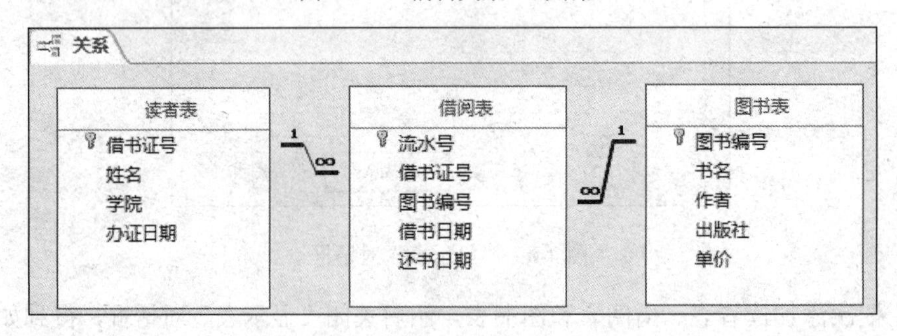

图 4-9 读者表、借阅表和图书表 3 个表间的关系

4. 向表中输入数据

1）打开图书管理数据库，双击数据库窗口左侧“所有 Access 对象”列表下的“读者表”，打开数据表视图。在读者表的数据表视图中输入读者的信息，如图 4-10 所示。

读者表

借书证号	姓名	学院	办证日期
501001	王涛	计算机	2017/3/10
501002	高玉刚	计算机	2017/3/11
502001	张思思	物理	2017/9/13
503001	刘文慧	文学	2017/9/13
503002	吕航	文学	2018/4/12
504001	叶川鸣	英语	2018/5/26

图 4-10 读者表

2）采用同样的方法依次向图书表和借阅表中输入数据，分别如图 4-11 和图 4-12 所示。其中，借阅表中的“流水号”字段的值由系统自动生成，用户不能为该字段赋值。

图书表

图书编号	书名	作者	出版社	单价
I24001	红楼梦	曹雪芹	人民邮电出版社	59.7
I24002	汤姆叔叔的小屋	(美)斯托夫人	人民文学出版社	35
P14001	天体物理学	李宗伟	高等教育出版社	63.6
TP0001	数据结构（C语言版）	严蔚敏	人民邮电出版社	35
TP0002	Python程序设计（第2版）	董付国	清华大学出版社	39.6
TP0003	计算机网络	谢希仁	电子工业出版社	49

图 4-11 图书表

借阅表

流水号	借书证号	图书编号	借书日期	还书日期
1	501001	TP0001	2018/4/15	2018/5/20
2	501001	TP0002	2018/4/15	2018/6/3
3	501002	TP0003	2018/10/13	2018/12/6
4	502001	P14001	2017/11/11	2017/12/25
5	503001	I24001	2017/12/1	2017/12/28
6	503002	I24002	2019/3/8	2019/4/30

图 4-12 借阅表

4.2 创建图书信息查询

实训目的

1）掌握 Access 查询的创建方法。

2）掌握选择查询的创建方法。

3）掌握参数查询的创建方法。

实训内容

Access 创建查询有两种方法：一种是使用“查询向导”，另一种是使用“查询设计”。

现以图书管理数据库为例，使用“查询向导”方法创建一个选择查询，使用“查询设计”方法创建一个参数查询。

选择查询：查询人民邮电出版社或清华大学出版社出版的图书信息（书名、作者和单价）。

参数查询：输入读者所在的学院，查询该学院的读者的借阅情况（读者姓名、书名、借书日期和还书日期）。

1. 选择查询

查询人民邮电出版社出版且单价大于 30 元的图书信息（书名、作者和单价）。该查询的数据来自图书表，查询条件是“出版社="人民邮电出版社"”且“单价>30”。使用“查询向导”方式创建该查询的步骤如下。

1）在图书管理数据库窗口中选择“创建”选项卡，单击“查询”选项组中的“查询向导”按钮，弹出“新建查询”对话框，选择“简单查询向导”，单击“确定”按钮，弹出“简单查询向导”对话框。在“表/查询”下拉列表中选择“表：图书表”选项，将“可用字段”列表框中的“书名”、“作者”、“出版社”和“单价”字段通过单击“>”按钮添加到“选定字段”列表框中，如图 4-13 所示。

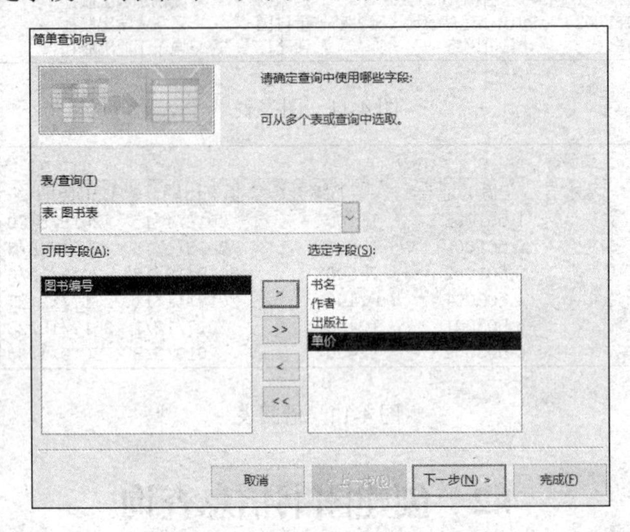

图 4-13　“简单查询向导”对话框

2）单击“下一步”按钮，选择“明细（显示每个记录的每个字段）”选项，再单击“下一步”按钮，输入查询名称“图书信息（查询查询）”，选中“修改查询设计”单选按钮，单击“完成”按钮，显示该查询的设计视图。在查询设计视图中，取消选中窗口下半部分“出版社”字段所在列的“显示”单元格中的复选框，并在“条件”单元格中输入“"人民邮电出版社"”，在“单价”字段所在列的“条件”单元格中输入“>30”，如图 4-14 所示。

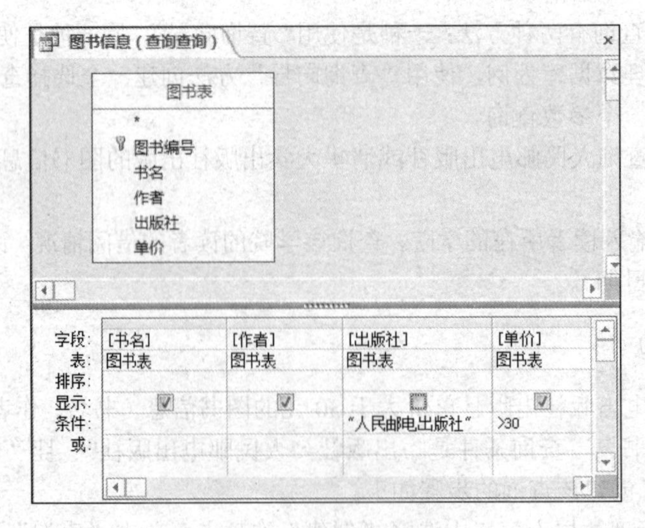

图 4-14　查询设计视图

3）单击“查询工具-设计”选项卡“结果”选项组中的“运行”按钮，或者右击查询设计窗口的标题栏，在弹出的快捷菜单中选择“数据表视图”选项，查询结果如图 4-15 所示。

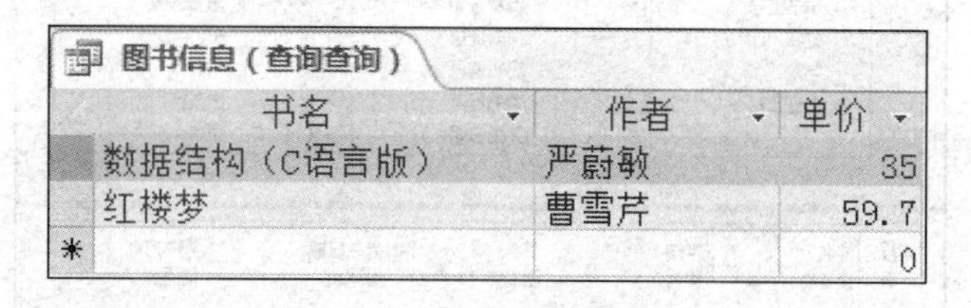

图 4-15　选择查询结果

2. 参数查询

查询计算机学院的读者的借阅情况（读者姓名、书名、借书日期和还书日期），该查询的数据来自“读者表”、“图书表”和“借阅表”，查询条件是“学院="计算机"”。使用“查询设计”方式创建该查询的操作步骤如下。

1）在图书管理数据库窗口中选择“创建”选项卡，单击“查询”选项组中的“查询设计”按钮，弹出“显示表”对话框，如图 4-16 所示。选择“读者表”、“借阅表”和“图书表”3 个表，单击“添加”按钮，再单击“关闭”按钮。

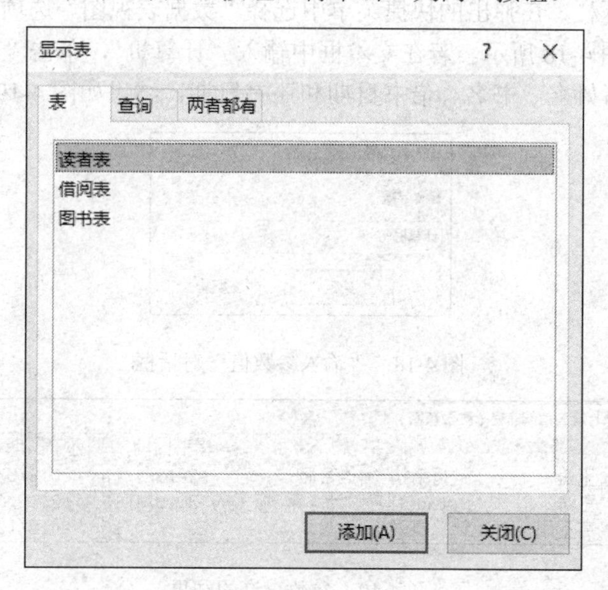

图 4-16　“显示表”对话框

2）在查询设计视图中，双击窗口上半部分“读者表”中的字段“姓名”和“学院”，双击“图书表”中的字段“书名”，双击“借阅表”中的字段“借书日期”和“还书日期”。取消选中下半部分“学院”字段所在列的“显示”单元格中的复选框，在“条件”单元格中输入“[输入学院]”，如图 4-17 所示。

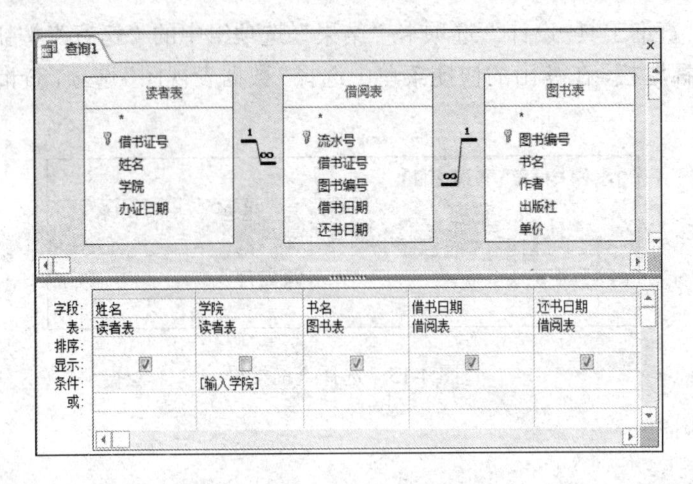

图 4-17　查询设计视图

3）单击快速访问工具栏中的“保存”按钮，或者右击查询设计窗口的标题栏，在弹出的快捷菜单中选择“保存”选项，在弹出的“另存为”对话框中输入查询名称“读者借阅信息（参数查询）”，单击“确定”按钮。

4）单击“查询工具-设计”选项卡“结果”选项组中的“运行”按钮，或者右击查询设计窗口的标题栏，在弹出的快捷菜单中选择“数据表视图”选项，弹出“输入参数值”对话框，如图 4-18 所示。若在文本框中输入“计算机”，单击“确定”按钮，查询计算机学院的读者姓名、书名、借书日期和还书日期，结果如图 4-19 所示。

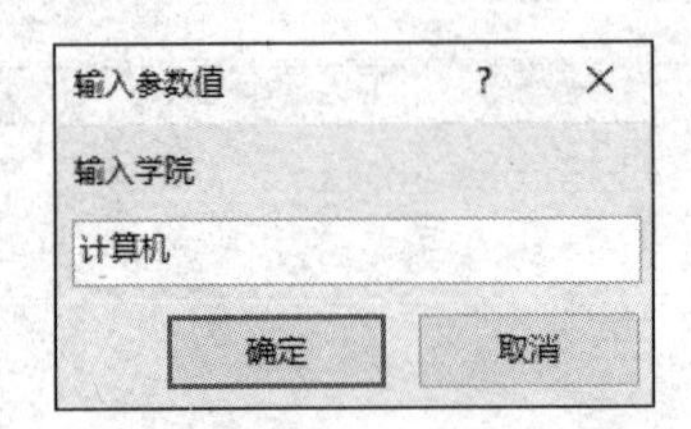

图 4-18　“输入参数值”对话框

读者借阅信息（参数查询）

姓名	书名	借书日期	还书日期
王涛	数据结构（C语言版）	2018/4/15	2018/5/20
王涛	Python程序设计（第2版）	2018/4/15	2018/6/3
高玉刚	计算机网络	2018/10/13	2018/12/6

图 4-19　参数查询的结果

附　　录

全国计算机等级考试二级 MS Office 公共基础模拟训练题

1．下列叙述正确的是（　　）。

A．算法的执行效率与数据的存储结构无关

B．算法的空间复杂度是指算法程序中指令（或语句）的条数

C．算法的有穷性是指算法必须能在执行有限步骤内结束

D．以上 3 种描述都不对

2．下列不属于线性数据结构的是（　　）。

A．队列　　B．栈

C．二叉树　　D．线性表

3．下列描述中，符合结构化程序设计风格的是（　　）。

A．程序由 3 种控制结构顺序、选择和循环组成

B．模块只有一个入口，可以有多个出口

C．注重提高程序的执行效率

D．不使用 goto 语句

4．下列概念中，不属于面向对象方法的是（　　）。

A．继承　　B．对象

C．类　　D．过程调用

5．在结构化方法中，用数据流程图作为描述工具的软件开发阶段是（　　）。

A．可行性分析　　B．需求分析

C．详细设计　　D．程序编码

6．在软件开发中，下面任务不属于设计阶段的是（　　）。

A．数据结构设计　　B．给出系统模块结构

C．定义模块算法　　D．定义需求并建立系统模型

7．数据库系统的核心是（　　）。

A．软件工具　　B．数据库管理系统

C．数据模型　　D．数据库

8．下列叙述中正确的是（　　）。

A．数据库是一个独立的系统，不需要操作系统的支持

B．数据库设计是指设计数据库管理系统

C．数据库技术的根本目标是要解决数据共享的问题

D．数据库系统中，数据的物理结构必须与逻辑结构一致

9. 下列模式中，能够给出数据库物理存储结构与物理存取方法的是（　　）。

A. 外模式　　B. 内模式

C. 概念模式　　D. 逻辑模式

10. 算法的时间复杂度是指（　　）。

A. 算法执行过程中所需要的基本运算次数

B. 算法程序的长度

C. 执行算法程序所需要的时间

D. 算法程序中的指令条数

11. 下列叙述中正确的是（　　）。

A. 栈与队列是非线性结构

B. 线性表是线性结构

C. 二叉树是线性结构

D. 线性链表是非线性结构

12. 设一棵完全二叉树共有 800 个结点，则该二叉树中的叶子结点数为（　　）。

A. 300　　B. 401

C. 400　　D. 399

13. 结构化程序设计主要强调的是（　　）。

A. 程序的可移植性　　B. 程序的易读性

C. 程序的执行效率　　D. 程序的规模

14. 在软件生命周期中，能准确地确定软件系统必须做什么和必须具备哪些功能的阶段是（　　）。

A. 概要设计　　B. 可行性分析

C. 详细设计　　D. 需求分析

15. 算法分析的目的是（　　）。

A. 找出数据结构的合理性

B. 找出算法中输入和输出之间的关系

C. 分析算法的易懂性和可靠性

D. 分析算法的效率以求改进

16. 软件需求分析阶段的工作，可以分为 4 个方面：需求获取、需求分析、编写需求规格说明书和（　　）。

A. 阶段性报告　　B. 需求评审

C. 总结　　D. 都不正确

17. 下列关于数据库系统的叙述中正确的是（　　）。

A. 数据库系统减少了数据冗余

B. 数据库系统避免了一切冗余

C. 数据库系统中数据的一致性是指数据类型的一致

D. 数据库系统比文件系统能管理更多的数据

18. 关系表中的每一行称为一个（　　）。

A．元组　　　　　　　　　　B．字段
C．属性　　　　　　　　　　D．码

19．数据库设计包括两个方面的设计内容，它们是（　　）。
A．概念设计和逻辑设计
B．模式设计和内模式设计
C．内模式设计和物理设计
D．结构特性设计和行为特性设计

20．算法的空间复杂度是指（　　）。
A．算法程序的长度
B．算法程序中的指令条数
C．算法程序所占的存储空间
D．算法执行过程中所需要的存储空间

21．下列关于栈的叙述中正确的是（　　）。
A．在栈中只能插入数据
B．在栈中只能删除数据
C．栈是先进先出的线性表
D．栈是先进后出的线性表

22．在深度为 5 的满二叉树中，叶子结点的个数为（　　）。
A．32　　　　　　　　　　B．16
C．31　　　　　　　　　　D．15

23．对建立良好的程序设计风格，下列描述正确的是（　　）。
A．程序应简单、清晰、可读性好
B．符号名的命名要符合语法
C．充分考虑程序的执行效率
D．程序的注释可有可无

24．下列关于对象概念描述错误的是（　　）。
A．任何对象都必须有继承性
B．对象是属性和方法的封装体
C．对象间的通信靠消息传递
D．操作是对象的动态性属性

25．下列不属于软件工程的 3 个要素的是（　　）。
A．工具　　　　　　　　　　B．过程
C．方法　　　　　　　　　　D．环境

26．需求分析阶段的任务是确定（　　）。
A．软件开发方法
B．软件开发工具
C．软件开发费用
D．软件系统功能

27．在数据管理技术的发展过程中，经历了人工管理阶段、文件系统阶段和（　　）阶段。

A．数据库系统　　B．文件系统
C．人工管理　　D．数据项管理

28．用树形结构来表示实体之间联系的模型称为（　　）。

A．关系模型　　B．层次模型
C．网状模型　　D．数据模型

29．关系数据库管理系统能实现的专门关系运算包括（　　）。

A．排序、索引、统计　　B．选择、投影、连接
C．关联、更新、排序　　D．显示、打印、制表

30．算法一般可以用（　　）控制结构组合而成。

A．循环、分支、递归　　B．顺序、循环、嵌套
C．循环、递归、选择　　D．顺序、选择、循环

31．数据的存储结构是指（　　）。

A．数据所占的存储空间量
B．数据的逻辑结构在计算机中的表示
C．数据在计算机中的顺序存储方式
D．存储在外存中的数据

32．在面向对象方法中，一个对象请求另一对象为其服务的方式是通过发送（　　）。

A．消息　　B．调用语句
C．命令　　D．口令

33．检查软件产品是否符合需求定义的过程称为（　　）。

A．确认测试　　B．集成测试
C．验证测试　　D．验收测试

34．下列不属于软件设计原则的是（　　）。

A．抽象　　B．模块化
C．自底向上　　D．信息隐蔽

35．索引属于（　　）。

A．模式　　B．内模式
C．外模式　　D．概念模式

36．在关系数据库中，用来表示实体之间联系的是（　　）。

A．树结构　　B．网结构
C．线性表　　D．二维表

37．将E-R图转换到关系模式时，实体与联系都可以表示成（　　）。

A．属性　　B．关系
C．键　　D．域

38．在下列选项中，（　　）不是算法应该具有的基本特征。

A．确定性　　B．可行性

C．无穷性　　D．有一个或多个输出

39．单个用户使用的数据视图的描述称为（　　）。

A．外模式　　B．概念模式

C．内模式　　D．存储模式

40．下列关于队列的叙述中正确的是（　　）。

A．在队列中只能插入数据

B．在队列中只能删除数据

C．队列是先进先出的线性表

D．队列是先进后出的线性表

41．对长度为 N 的线性表进行顺序查找，在最坏情况下所需要的比较次数为（　　）。

A．N　　B．$N-1$

C．$N/2$　　D．$(N-1)/2$

42．信息隐蔽的概念与下述（　　）概念直接相关。

A．软件结构定义　　B．模块独立性

C．模块类型划分　　D．模拟耦合度

43．数据处理的最小单位是（　　）。

A．数据元素　　B．数据结构

C．数据项　　D．数据

44．数据结构中，与所使用的计算机无关的是数据的（　　）。

A．物理结构　　B．存储结构

C．逻辑结构　　D．物理和存储结构

45．软件调试的目的是（　　）。

A．发现错误　　B．改正错误

C．改善软件的性能　　D．挖掘软件的潜能

46．已知二叉树的后序遍历序列是 dabec，中序遍历序列是 debac，它的前序遍历序列是（　　）。

A．cedba　　B．deabc

C．dabec　　D．debac

47．在单链表中，增加头结点的目的是（　　）。

A．方便运算的实现

B．使单链表至少有一个结点

C．标识表结点中首结点的位置

D．说明单链表是线性表的链式存储实现

48．在下列几种排序方法中，要求内存量最大的是（　　）。

A．插入排序　　B．选择排序

C．快速排序　　D．归并排序

49．在设计程序时，应采纳的原则之一是（　　）。

A．程序结构应有助于读者理解

B. 不限制 goto 语句的使用

C. 减少或取消注解行

D. 程序越短越好

50. 下列不属于软件调试技术的是（　　）。

A. 强行排错法　　B. 集成测试法

C. 回溯法　　D. 原因排除法

51. 在 Excel 工作表中存放了计算机科学学院 18 级所有班级总计 500 个学生的基本信息，A 列到 D 列分别对应“班级”“学号”“姓名”“性别”，利用公式计算软件工程 11801 班男生的人数，最优的操作方法是（　　）。

A. =SUMIFS(A2:A451, "软件工程 11801 班",D2:D451,"男")

B. = COUNTIF(A2:A451, "软件工程 11801 班",D2:D451,"男")

C. =COUNTIFS(A2:A451, "软件工程 11801 班",D2:D451,"男")

D. =SUMIF(A2:A451, "软件工程 11801 班",D2:D451,"男")

52. Excel 工作表的 D 列保存了 18 位身份证号码信息，为了保护个人隐私，需将身份证信息的第 9～第 12 位用“*”表示，以 D2 单元格为例，最优的操作方法是（　　）。

A. =MID(D2,1,8)+"****"+MID(D2,13,6)

B. =CONCATENATE(MID(D2,1,8),"****",MID(D2,13,6))

C. =REPLACE(D2,9,4,"****")

D. =MID(D2,9,4,"****")

53. 某同学从网站上查到了湖北省各高校最近几年高考招生录取线的明细表，他准备将这份表格中的数据引用到 Excel 中以便进一步分析，最优的操作方法是（　　）。

A. 对照网页上的表格，直接将数据输入到 Excel 工作表中

B. 通过 Excel 中的“自网站获取外部数据”功能，直接将网页上的表格导入 Excel 工作表中

C. 通过复制、粘贴功能，将网页上的表格复制到 Excel 工作表中

D. 先将包含表格的网页保存为 .htm 或 .mht 格式文件，然后在 Excel 中直接打开该文件

54. 某班级有 40 名学生，将学生的学号、姓名、总评成绩输入学生信息表中，分别位于 A、B、C 列，A1～C1 为标题，现在对 D 列的总评成绩进行排名，计算排名的最优操作方法是（　　）。

A. 先对总评成绩升序排序，然后在 D2 单元格中输入 1，按 Ctrl 键的同时拖动填充柄到最后一个需要计算的单元格

B. 先对总评成绩升序排序，然后在 D2、D3 单元格中分别输入 1、2，选中 D2、D3 单元格，拖动填充柄到最后一个需要计算的单元格

C. 在 D2 单元格中输入公式“=RANK(C2,C2:C41,0)”，确定后，双击 D2 单元格中的填充柄即可

D. 在 D2 单元格中输入公式“=RANK(C2,$C$2:$C$41)”，确定后，双击 D2 单元格中的填充柄即可

55．某员工用 Excel 2016 制作了一份员工档案表，但经理的计算机中只安装了 Office 2003，能让经理正常打开员工档案表的最优操作方法是（　　）。

A．将文档另存为 Excel 97-2003 文档格式

B．将文档另存为 PDF 格式

C．建议经理安装 Office 2010

D．小刘自行安装 Office 2003，并重新制作一份员工档案表

56．使用 Excel 公式不能得出正确的结果，可能会出现#开头的错误提示，下面（　　）表示单元格引用无效。

A．#N/A　　B．#VALUE

C．#DIV/0　　D．#REF

57．某班级学生 4 个学期的各科成绩单分别保存在独立的 Excel 工作簿文件中，现在需要将这些成绩单合并到一个工作簿文件中进行管理，最优的操作方法是（　　）。

A．将各学期成绩单中的数据分别通过复制、粘贴的命令整合到一个工作簿中

B．通过移动或复制工作表功能，将各学期成绩单整合到一个工作簿中

C．打开学期的成绩单，将其他学期的数据输入同一个工作簿的不同工作表中

D．通过数据合并功能

58．在 Excel 2016 中，工作表 B1 单元格中存放了 18 位二代身份证号码，在 B2 单元格中利用公式计算该人的年龄，最优的操作方法是（　　）。

A．=YEAR(TODAY())-MID(B1,6,8)

B．=YEAR(TODAY())-MID(B1,6,4)

C．=YEAR(TODAY())-MID(B1,7,8)

D．=YEAR(TODAY())-MID(B1,7,4)

59．在 Excel 2016 中，整理职工档案，希望“性别”一列只能从“男”“女”两个值中进行选择，否则系统提示错误信息，最优的操作方法是（　　）。

A．通过 IF 函数进行判断，控制“性别”列的输入内容

B．请同事帮忙进行检查，错误内容用红色标记

C．设置条件格式，标记不符合要求的数据

D．设置数据有效性，控制“性别”列的输入内容

60．在学生成绩表中筛选出性别为男且计算机基础大于等于 90 分或性别为女且大学英语大于等于 85 分的信息，将筛选的结果在原有区域显示，则高级筛选的条件区域是（　　）。

A.

性别	计算机基础	大学英语
男	>=90	
女		>=85

B.

性别	计算机基础	大学英语
男		>=85
女	>=90	

C.

性别	计算机基础	大学英语
男	>=90	>=85
女		

D.

性别	计算机基础	大学英语
男/女	>=90	>=85

全国计算机等级考试二级 MS Office 上机操作模拟训练题

1. 文字处理

某出版社的编辑小王手中有一篇有关财务软件应用的电子书稿需要排版，文件名为“会计电算化.docx”，打开该文档，按照以下要求帮助小王进行排版操作。

1）页面设置：纸张大小 16 开，对称页边距，上边距为 2.5 厘米、下边距为 2 厘米，内侧边距为 2 厘米、外侧边距为 2 厘米，装订线 1 厘米，页脚距边界 1.0 厘米。

2）书稿中包含 3 个级别的标题，分别用“（一级标题）”“（二级标题）”“（三级标题）”字样标出。按照下列要求对各级标题设置相应的格式。

① 所有用“（一级标题）”标识的段落，设置样式为“标题 1”，对应格式为黑体、小二号、段前 1.5 行、段后 1 行、行距最小值 12 磅，居中。

② 所有用“（二级标题）”标识的段落，设置样式为“标题 2”，对应格式为黑体、小三号、段前 1 行、段后 0.5 行、行距最小值 12 磅。

③ 所有用“（三级标题）”标识的段落，设置样式为“标题 3”，对应格式为宋体、小四号、段前 12 磅、段后 5 磅、行距最小值 12 磅。

④ 正文文本：两端对齐，首行缩进 2 字符、1.25 倍行距、段后 6 磅。

设置完成后，使用多级列表将标题 1 设置为第 1 章、第 2 章等样式；将标题 2 设置为 1-1、1-2 等样式；将标题 3 设置为 1-1-1、1-1-2 等样式，且与二级标题缩进位置相同。

3）将书稿中各级标题文字后面括号中的提示文字及括号“（一级标题）”“（二级标题）”“（三级标题）”全部删除。

4）书稿中有若干表格及图片，分别在表格上方和图片下方的说明文字左侧添加形如“表 1-1”“表 2-1”“图 1-1”“图 2-1”的题注，其中连字符“-”前面的数字代表章号、“-”后面的数字代表图表的序号，各章节“题注”的格式修改为仿宋、小五号字、居中。

5）在书稿中用红色标出的文字适当位置，为前两个表格和前 3 个图片设置自动引用其题注号。为第 2 张表格“表 1-2 好朋友财务软件版本及功能简表”套用一个合适的表格样式，保证表格第 1 行在跨页时能够自动重复且表格上方的题注与表格总在一页上。

6）在书稿的最前面插入目录，要求包括标题第 1～第 3 级及对应的页码。目录、书稿的每一章均为独立的一节，每一节页眉显示为标题 1 的内容，页码均以奇数页为起始页码。

7）目录与书稿的页码分别独立编排，目录页码使用大写罗马数字（I、II、III……），书稿页码使用阿拉伯数字（1、2、3……）且各章节间连续编码。除目录首页和每章首页不显示页码外，其余页面要求奇数页页码显示在页码右侧，偶数页页码显示在页码左侧。

8）将排版好的文件以原文件名保存。

2. 电子表格

小李今年毕业后，在一家计算机图书销售公司担任市场部助理，主要的工作职责是为部门经理提供销售信息的分析和汇总。请你根据销售数据报表（“Excel.xlsx”文件），按照如下要求完成统计和分析工作。

1）请对“订单明细”工作表进行格式调整，通过套用表格格式方法将所有的销售记录调整为一致的外观格式，并将“单价”列和“小计”列所包含的单元格调整为“会计专用”（人民币）数字格式。

2）根据图书编号，请在“订单明细”工作表的“图书名称”列中，使用 VLOOKUP 函数完成图书名称的自动填充。“图书名称”和“图书编号”的对应关系在“编号对照”工作表中。

3）根据图书编号，请在“订单明细”工作表的“单价”列中，使用 VLOOKUP 函数完成图书名称的自动填充。“单价”和“图书编号”的对应关系在“编号对照”工作表中。

4）在“订单明细”工作表的“小计”列中，计算每笔订单的销售额。

5）根据“订单明细”工作表中的销售数据，统计所有订单的总销售金额，并将其填写在“统计报告”工作表的 B3 单元格中。

6）根据“订单明细”工作表中的销售数据，统计《MS Office 高级应用》图书在 2019 年的总销售额，并将其填写在“统计报告”工作表的 B4 单元格中。

7）根据“订单明细”工作表中的销售数据，统计隆华书店在 2018 年第 3 季度的总销售额，并将其填写在“统计报告”工作表的 B5 单元格中。

8）根据“订单明细”工作表中的销售数据，统计隆华书店在 2019 年的每月平均销售额（保留 2 位小数），并将其填写在“统计报告”工作表的 B6 单元格中。

9）保存“Excel.xlsx”文件。

3. 演示文稿

为了更好地控制教材编写的内容、质量和流程，小徐负责起草了“图书策划方案.docx”文档。他需要将图书策划方案文档中的内容，制作成向教材编委会进行展示的 PowerPoint 演示文稿。现在，请根据图书策划方案中的内容，按照如下要求完成演示文稿的制作。

1）创建一个新演示文稿，内容需要包含“图书策划方案.docx”文件中所有讲解的要点，包括：

① 演示文稿中的内容编排，需要严格遵循 Word 文档中的内容顺序，并仅需要包含 Word 文档中应用了“标题 1”“标题 2”“标题 3”样式的文字内容。

② Word 文档中应用了“标题 1”样式的文字，需要成为演示文稿中每张幻灯片的标题文字。

③ Word 文档中应用了“标题 2”样式的文字，需要成为演示文稿中每张幻灯片的第一级文本内容。

④ Word 文档中应用了“标题 3”样式的文字，需要成为演示文稿中每张幻灯片的第二级文本内容。

2）将演示文稿中的第一张幻灯片，调整为“标题幻灯片”版式。

3）为演示文稿应用一个美观的主题样式。

4）在标题为“2018 年同类图书销售统计”的幻灯片中，插入一个 6 行 5 列的表格，列标题分别为“图书名称”“出版社”“作者”“定价”“销售”。

5）在标题为“新版图书创作流程示意”的幻灯片中，将文本框包含的流程文字利用 SmartArt 图形展现。

6）在该演示文稿中创建一个演示方案，该演示方案包含第 1、2、4、7 张幻灯片，并将该演示方案命名为“放映方案 1”。

7）在该演示文稿中创建一个演示方案，该演示方案包含第 1、2、3、5、6 张幻灯片，并将该演示方案命名为“放映方案 2”。

8）保存制作完成的演示文稿，并将其命名为“图书策划方案.pptx”。

全国计算机等级考试二级 MS Office 公共基础模拟训练题参考答案

1	2	3	4	5	6	7	8	9	10
C	C	A	D	B	D	B	C	B	A
11	12	13	14	15	16	17	18	19	20
B	C	B	D	D	B	A	A	A	D
21	22	23	24	25	26	27	28	29	30
D	B	A	A	D	D	A	B	B	D
31	32	33	34	35	36	37	38	39	40
B	A	A	D	B	D	B	C	B	C
41	42	43	44	45	46	47	48	49	50
A	B	C	C	B	A	A	D	A	B
51	52	53	54	55	56	57	58	59	60
C	C	B	D	A	D	B	D	D	A

全国计算机等级考试二级 MS Office 上机操作模拟训练题操作提示

1. 文字处理操作提示

1）在“页面布局”选项卡中对页面进行相应的设置。

2）通过“开始”选项卡“样式”选项组中的样式对标题 1～3 进行修改，再通过查找功能，分别找到需要设置标题的段落，然后对查找到的段落分别设置对应的标题样式或直接替换成相应的标题样式，最后利用段落中的多级列表对各级标题进行编号格式的设置。

3）通过“引用”选项卡中的“插入题注”和“交叉引用”功能，对文中的图形和表格加上题注，再对文中红色文字的位置进行交叉引用，最后在样式中对题注进行格式设置。

4）通过引用选项卡中的目录，自动插入目录，在“自定义目录”对话框中对目录进行修改级别和设置格式，设置好目录后，再在文中插入分节符将标题 1 所在的内容分为不同的节，最后进行页眉页脚的设置。

2. 电子表格操作提示

1）通过套用表格格式功能选择其中一种样式对表格进行设置，然后选择“单价”列和“小计”列，设置数据格式为“会计专用”。

2）使用 VLOOKUP 函数，将“编号对照”表中的图书名称和单价，填充到“订单明细”表中的图书名称和单价。选择“订单明细”表的 E3 单元格，输入公式“=VLOOKUP(D3,编号对照!$A$2:$C$19,2,FALSE)”，按 Enter 键，然后选择 E3 单元格，复制公式完成其余单元格的计算。

3）首先选择“订单明细”表的 F3 单元格，输入公式“=VLOOKUP(D3,编号对照!$A$2:$C$19,3,FALSE)”，按 Enter 键，然后选择 F3 单元格，复制公式完成其余单元格的计算。

4）选择“订单明细”表的 H3 单元格，直接输入公式“=F3*G3”，然后按 Enter 键即可。双击 H3 单元格中的填充柄，完成其余单元格的计算。

5）选择“统计报告”工作表的 B3 单元格，输入公式“=SUM(订单明细表!H3:H636)”，然后按 Enter 键，即可完成计算。

6）选择“统计报告”工作表的 B4 单元格，使用函数 SUMIFS，在单元格中输入函数“=SUMIFS(订单明细表!H3:H636,订单明细表!D3:D636,"BK-83021",订单明细表!B3:B636,">=2019-1-1",订单明细表!B3:B636,"<=2019-12-31")”，即可完成计算。

7）选择“统计报告”工作表的 B5 单元格，输入公式“=SUMIFS(订单明细表!H3:H636,订单明细表!C3:C636,"隆华书店"，订单明细表!B3:B636,">=2018-7-1",订单明细表!B3:

B636,"<=2018-9-30")”，即可完成运算。

8）选择“统计报告”工作表的B6单元格，输入公式“=SUMIFS(订单明细表!H3:H636,订单明细表!C3:C636,"隆华书店",订单明细表!B3:B636,">=2091-1-1",订单明细表!B3:B636,"<=2091-12-31")/12”，即可完成运算。

3. 演示文稿操作提示

1）首先新建幻灯片，保存名为“图书策划方案.pptx”，然后在“开始”选项卡“幻灯片”选项组中，单击“新建幻灯片”下拉按钮，在弹出的下拉列表中选择“幻灯片（从大纲）”选项，再通过对话框打开“图书策划方案.docx”，即可将Word中的标题内容导入演示文稿中。

2）选择第一张幻灯片，在“幻灯片”选项组中，单击“版式”下拉按钮，在弹出的下拉列表中选择“标题幻灯片”版式。

3）在“设计”选项卡“主题”选项组中，选择一个主题，应用于幻灯片。

4）在第六张幻灯片中，单击“插入”｜“表格”｜“表格”下拉按钮，在弹出的下拉列表中选择插入一个6行5列的表格，并输入标题内容。

5）在第七张幻灯片中，选择需要生成的“SmartArt”的标题内容右击，在弹出的快捷菜单中选择“转换为SmartArt”选项，并在弹出的子菜单中选择合适的“SmartArt”图形。

6）在“幻灯片放映”选项卡“开始放映幻灯片”选项组中，单击“自定义幻灯片放映”按钮，在弹出的“自定义放映”对话框中，单击“新建”按钮，弹出“定义自定义放映”对话框。在“幻灯片放映名称”文本框中输入“放映方案1”，在“在演示文稿中的幻灯片”列表框中，选择1、2、4、7张幻灯片，单击“添加”按钮，将其添加到右侧的放映方案中。使用同样的方法，选择相应幻灯片命名为“放映方案2”。

参 考 文 献

创客诚品，2017．Office 2016 高效办公实战技巧辞典[M]．北京：北京希望电子出版社．

王秉宏，2017．Access 2016 数据库应用基础教程[M]．北京：清华大学出版社．

谢华，冉洪艳，2017．Office 2016 高效办公应用标准教程[M]．北京：清华大学出版社．

杨小丽，2019．Access 2016 从入门到精通[M]．2 版．北京：中国铁道出版社．

郁红英，等，2018．计算机操作系统[M]．2 版．北京：清华大学出版社．

赵萍，2018．Excel 数据处理与分析[M]．北京：清华大学出版社．

ALEXANDER M，KUSLEIKA D，2016．中文版 Access 2016 宝典[M]．8 版．张洪波，译．北京：清华大学出版社．